KB140109

군사 혁신의 표상, 샤른호르스트

군사 혁신의 표상,
샤른호르스트

황수현 지음

19세기 프로이센군 성공 신화의 출발점
샤른호르스트의 교육, 개방, 인재, 제도화

샤른호르스트의 주요 생애

1755. 11. 12.	보르데나우에서 출생
1762.	[07세] 안데르텐의 초급학교 입학
1773. 04. 29.	[18세] 샤움부르크-리페의 군사학교 입학
1778. 07. 28.	[23세] 하노버군 소위 임관, 연대학교 교관 임명
1778. 10. 09.	[23세] 샤움부르크-리페군 퇴역
1782. 07.	[27세] 포병학교 전출, '군사서고' 발간(~1784)
1783.	[28세] 장기휴가 이용, 전장 답사
1784. 04. 02.	[29세] 중위 진급
1785.	[30세] '장교서고' 발간
1785. 04. 24.	[30세] 슈말츠와 결혼
1787.	[32세] 『장교용 실용 군사학 핸드북』 출간(~1790, 3권)
1788.	[33세] '신군사저널' 발간(~1805)
1792. 10. 19.	[37세] 대위 진급
1792.	[37세] 『전역용 간편 군사 교범』 출간
1793. 05. 23.	[38세] 파마스 전투 참전(첫 전투)
1793. 09. 06.	[38세] 옹드쇼트 전투 참전
1794. 05. 01.	[39세] 메닌 요새 철수전 성공
1794. 06. 27.	[39세] 소령 진급, 하노버군 장군병참참모부 임시 근무
1795. 06.	[40세] 오스나브뤼크의 프로이센군 사령부 연락장교 근무
1796. 11. 11.	[41세] 하노버군 장군병참참모부 정식 참모요원 발탁
1797. 01. 07.	[42세] 프로이센군의 1차 영입 결정

1797. 02. 01.	[42세]	이적 제안 거절
1797. 08. 01.	[42세]	중령 진급
1800. 10. 25.	[45세]	프로이센군에 이적 신청
1800. 12. 30.	[45세]	하노버군 퇴역
1801. 05. 12.	[46세]	프로이센군 이적
1801. 07.	[46세]	군사협회 창설
1801. 09. 05.	[46세]	베를린 군사학교 감독관 부임
1802. 12. 14.	[47세]	귀족 작위 취득
1803. 02. 12.	[48세]	아내 슈말츠 사별
1804. 01. 20.	[49세]	장군참모부 예하 제3여단장 부임
1804. 03. 26.	[49세]	대령 진급
1806.	[51세]	브라운슈바이크 공작 참모장 부임
1806. 11.	[51세]	프랑스군 포로
1807. 02. 08.	[52세]	포로 석방 직후 레스토크 장군 참모장으로 참전
1807. 07. 25.	[52세]	소장 진급, 군사재조직위원장 부임
1808. 03.	[53세]	장군참모부장 겸직
1809. 03. 01.	[54세]	전쟁부 전쟁총괄실장 겸직
1810. 06. 17.	[55세]	슐레지엔 요새 감찰관으로 좌천
1813. 03. 11.	[58세]	중장 진급, 장군참모부장 재등용
1813. 05. 02.	[58세]	블뤼허 장군 참모장으로 참전(부상)
1813. 06. 28.	[58세]	프라하에서 병사

목차

서문

혁신은 언제나 힘겹고 고통스러운 과정을 동반했다. 특히 군사혁신은 국가의 근본적인 존재 목적에 있어 핵심 가치의 변화를 요구했기에 그 어떤 분야의 혁신보다도 거센 저항에 직면해야 했다. 그래서 대부분의 국가들은 군사혁신을 주저했고, 한 국가의 능동적인 군사혁신은 거의 불가능했다. 하지만 역사는 항상 진화해 왔고, 역사는 자발적 군사혁신을 추진한 소수 국가의 손을 들어 주었다. 국가 전체성의 한 국면을 반영하는 군사 체제의 혁신은 결국 국가의 총체적 역량과 직결되었고, 역사에 기록된 수많은 강대국들은 군사혁신을 통해 패권을 획득하고 유지해 왔다.

인류가 경험한 수많은 전쟁사의 흐름 속에서 독보적인 인물을 꼽을 때, 항상 빠지지 않고 등장하는 인물은 바로 나폴레옹이다. 나폴레옹의 업적과 과오에 대해서는 다양한 역사적 평가가 존재하지만, 적어도 군사 분야에서만큼은 혁신적인 리더였다. 또한, 그가 천재적인 군사전략가로서의 역량을 갖춘 인물이었다는 점에는 일반 대중은 물론, 대부분의 군사전문가들도 동의하고 있다. 나폴레옹이라는 군사적 천재의 존재만으로 혁명기의 혼란에 빠졌던 프랑스는 유럽 최강의 제국으로 거듭났다. 나폴레옹은 프랑스 역사상 다시 없을 영광을 가져다준 인물이었다. 나폴레옹은 황제에 즉위한 1804년부터 최종적으로 몰락하는 1815년까지 군사혁신의 전형적인 표준을 제시했다. 단 하나의 문제가 있었다면, 나폴레옹은 조직이 아닌 개인 독단으로 모든 것을 판단하고 결심했다. 프랑스군은 전적으로 나폴레옹에게 군사 분야 일체를 의존했다. 따라서 나폴레옹이 사라진 프랑스는 유럽 최고의 제국의 위치에서 유럽 열강의 하나로 즉시 복귀해야만 했다.

나폴레옹과 동시대를 살아야 했던 많은 주변국의 군주들은 굴욕을 감수해야 했다. 그중에 가장 대표적인 인물은 프로이센의 프리드리히 빌헬름 3세였다. 과거 프리드리히 2세가 남긴 화려한 군사적 유산을 물려받은 그는 영광스러운 과거에 안주했고, 군사혁신을 비롯한 사회 전 분야의 혁신을 거부했다. 프랑스혁명의 기본 이념인 자유, 평등, 우애의 기조가 전 유럽에 확산되고 있음에도, 그는 이를 페스트와 같은 전염병으로 인식하여 프로이센 사회로의 전파를 막는 데에 급급했다. 그 결과 그는 프랑스혁명의 의미를 이해하지 못한 채, 나폴레옹에게 겁 없이 도전했다. 그리고 그의 무모한 도전은 국왕의 지위를 박탈당할 뻔한 위기로 스스로를 몰고 갔다. 하지만 나폴레옹에 의해 굴욕의 나락으로 떨어지고 있던 프로이센에 유일한 희망의 인물이 등장하게 되는데, 그가 바로 이 책의 주인공 샤른호르스트였다.

하노버의 평범한 중산층 가정에서 태어난 샤른호르스트는 계몽주의 사상과 나폴레옹 전쟁을 경험하며 그만의 군사혁신에 대한 개념을 정립해 나갔다. 독일 민족의 통합을 바라던 그는 영국의 지배를 받는 하노버에서는 자신의 역량을 충분히 발휘할 수 없을 것으로 생각했다. 그래서 그는 결국 1801년에 고국인 하노버를 떠나 프로이센으로 이적하여 본격적인 프로이센의 군사혁신을 추진했다. 프로이센의 기득권 세력에게 샤른호르스트는 이방인에 불과했기에 처음에는 기회가 주어지지는 않았다.

1806년 10월, 나폴레옹의 프로이센 침공을 계기로 프로이센이 조기에 대패하고 틸지트 조약을 통해 프랑스의 실질적인 속국으로 전락하자 모든 상황이 바뀌었다. 프리드리히 빌헬름 3세는 패전 원인을 분석하고 전반적인 국가 체계의 일대 혁신을 위해 군사재조직위원회라는 한시 기구를 창설했다. 그리고 기구의 위원장으로는 프랑스와의 전쟁 과정에서 진심 어린 충언과 변함없는 충성심을 보여준 샤른호르스트를 선택했다. 이를 통해 샤른호르스트는 본격적으로 프로이센군의 대개조를 위한 군사혁신을 추진하게 되었다.

샤른호르스트는 1801년부터 급사하는 1813년까지 12년이라는 짧은 기간 동안 프로이센군에서 장교로 복무했지만, 그동안 프로이센군을 기초부터 하나씩 완전히 변화시켜 나갔다. 그의 헌신적인 혁신 노력으로 프로이센군은 샤른호르스트 이전과 그 이후에 완전히 다른 군대로 변모했다. 결국, 샤른호르스트가 주도한 군사혁신을 통해 프로이센은 프랑스와의 해방전쟁에서 승리했고, 잃어버린 영광을 회복할 수 있었다. 샤른호르스트의 사후에도 프로이센은 그가 뿌려놓은 군사혁신의 기반 아래 유럽의 최강국으로 조금씩 성장해 나갔다.

19세기 초반의 동시대를 살아간 나폴레옹과 샤른호르스트는 모두 자국을 넘어 유럽 사회 전반에 지대한 영향을 미쳤다. 하지만 한 가지 유일한 차이가 존재한다면 그것은 군사혁신의 제도화이다. 나폴레옹은 군사혁신을 통해 프랑스군을 프랑스 대육군이라 불리는 유럽 최강의 군대로 만들었지만, 그건 나폴레옹과 함께 할 때뿐이었다. 나폴레옹이 존재하지 않는 프랑스군은 평범했다. 프랑스군의 장교단도 마찬가지였다. 그들은 언제나 수동적으로 나폴레옹의 지시에 충실히 따랐을 뿐이었기에 나폴레옹이 보여준 빛나는 영광의 이유를 충분히 이해하지는 못했다.

　샤른호르스트는 나폴레옹만큼 뛰어난 천재성을 가진 군사 지도자는 아니었다. 하지만 그는 프로이센의 군사적 전통과 현실을 고려한 군사혁신을 단계적으로 추진했다. 그리고 샤른호르스트는 자신과 군사혁신의 개념을 공유하는 혁신파의 육성을 통해 자신의 사후에도 프로이센군의 군사혁신을 지속하기 위한 추동력이 단절되지 않도록 제도화를 위해 노력했다. 특히 그는 장군참모라는 프로이센 특유의 핵심적인 정예 장교단의 육성을 통해 그들이 프로이센의 군사혁신을 주도하도록 했다. 이를 위해 샤른호르스트는 장군참모의 지속적인 성장과 발전을 위한 교육제도를 구축하고 이에 필요한 교육 개념의 정립에도 헌신했다. 샤른호르스트는 군사혁신의 주체인 장군참모의 제도화를 통해 프로이센의 군사혁신을 하나의 문화로 만들고자 했다.

　샤른호르스트의 염원대로 프로이센군의 장군참모는 군사혁신의 주체로서 자가발전을 통해 그들의 역량을 성장시켰다. 그리고 그들은 1860년대에 이르러 3번에 걸친 통일 전쟁에서의 승리를 통해 프로이센 주도의 통일 독일제국 건국에 핵심적인 역할을 했다. 나아가 19세기 후반 유럽의 패권국가로 독일제국이 자리 잡을 수 있도록 군사적 기반을 제공한 세력도 바로 제도화된 장군참모였다. 비록 이후 2번에 걸친 세계대전을 주도한 군부의 핵심으로 지목받으면서 역사적 오명도 갖게 되었지만, 이것은 샤른호르스트가 추구한 제도화된 군사혁신의 산물은 아니었다.

샤른호르스트는 프로이센의 군사사에 있어 핵심적인 비중을 차지하고 있음에도, 그의 수제자였던 클라우제비츠에 가려 제대로 된 평가를 받지 못했다. 아마도 그것은 그가 정예 장교단인 장군참모의 개편을 통해 훗날 독일 군국주의의 기초를 제공했다는 오해를 받았기 때문일 것이다. 하지만 샤른호르스트의 기본 군사철학이나 그가 추구했던 군사혁신은 그의 사후에 프로이센군과 독일군에서 추진했던 군사혁신과는 근본이 달랐다.

저자는 이 책을 통해 군사혁신의 표상과도 같은 인물인 샤른호르스트의 진면목을 살펴보고, 그의 200년 전에 추구했던 군사혁신이 오늘날 한국군에게 주는 역사적 함의를 제시하고자 한다. 그리고 저자는 샤른호르스트라는 한 인물을 통해 한 국가의 위상이 어떻게 변할 수 있는지에 대해서도 역사적 사례를 통해 쉽게 설명하고자 한다.

샤른호르스트가 살았던 19세기 초반의 프로이센과 21세기 대한민국의 지정학적 상황은 많은 유사성이 있다. 그런데 프로이센은 선택할 수 없는 열악한 지정학적 환경 속에서도 어떻게 군사혁신을 통해 생존과 번영을 추구할 수 있었는지, 그들의 역사를 통해 가능성을 보여주고 있다. 따라서 현재의 대한민국에도 또 다른 샤른호르스트가 절실히 필요하다. 샤른호르스트를 연구한 군사사학자로서 국가안보의 일선에 관여하는 모든 사람들이 샤른호르스트의 존재적 가치에 대한 진지한 성찰을 통해 대한민국이 처한 안보 현실에 대한 해답의 실마리를 조금이나마 찾을 수 있기를 간절히 소망한다.

2024년 5월
황수현

I

왜 샤른호르스트인가?

전쟁으로 점철된 인류 역사는 수많은 군사 영웅을 탄생시켰다. 하지만 그 범위를 근대 이후로 한정하고, 탁월한 군사적 업적과 군사사에 미친 영향력만을 고려한다면, 우리는 단연코 나폴레옹(Napoléon Bonaparte, 1769~1821)을 떠올릴 수밖에 없을 것이다. 나폴레옹이 이끄는 프랑스 대육군(*La Grande Armée*)[1]은 유럽 최고의 군대였고, 대육군의 정복 전쟁을 통해 프랑스는 역사상 최고의 전성기를

---

1   대육군은 1805년 8월 26일, 나폴레옹이 새로 개편한 자국의 주력 군대를 부르던 일반화된 호칭이었다. 개편 당시 대육군은 7개 군단을 근간으로 기병 예비대, 포병 예비대, 황제 근위대로 편성되었다. 최초에는 대육군이 프랑스 출신으로 구성된 육군만을 의미했으나, 점차 프랑스 동맹국들의 지원 병력까지 모두 포함하는 다국적군을 지칭하는 표현으로 의미가 확대되었다. 대육군의 개편 초기에는 프랑스군이 대다수였으나, 시간이 지날수록 동맹군의 비중이 증가했고, 급기야 1812년의 러시아 원정 당시에는 대육군의 절반 정도만 프랑스군으로 편성되었다. 황수현·박동휘·문용득, 『근현대 세계대전사』 (서울: 플래닛미디어, 2024), p. 75.; Richard Holmes, 『나폴레옹의 영광(*The Napoleonic Wars Experience*)』 (파주: 청아출판사, 2006), p. 32, p. 50.

맞이했다. 하지만 나폴레옹에게만 전적으로 의존했던 프랑스의 영광은 그리 오래 지속되지 않았다.

1796년 4월, 나폴레옹은 27살의 젊은 나이로 이탈리아 원정군 사령관으로 임명되어 본격적인 프랑스 혁명전쟁[2]의 주인공이 되었다. 이후 나폴레옹의 운명과 함께한 프랑스의 영광은 1815년 6월, 프랑스군이 워털루 전투(Battle of Waterloo)에서 영국-프로이센 동맹군에 패배함으로써 사라졌다. 프랑스에는 누구나 인정하는 독보적인 군사 천재인 나폴레옹이 존재했지만, 그게 전부였다. 나폴레옹의 지도력에만 전적으로 의존하던 프랑스는 나폴레옹이 몰락하자, 이전과 같이 유럽 강대국의 하나로 복귀하고 말았다.

나폴레옹이 유럽을 제패하던 시기, 오늘날의 독일 지역은 신성로마제국이라는 틀 안에 수많은 소국으로 분열된 상태였다. 신성로마제국의 종주국인 오스트리아조차도 프랑스와의 전쟁에서 연전연패를 거듭하며, 국가의 존립을 위해 나폴레옹에게 머리를 조아릴 수밖에 없었다. 신성로마제국의 구성국 가운데 오스트리아의 뒤를 이은 다음 강국인 프로이센도 나폴레옹이 이끄는 프랑스에 상대가 되

---

2 1792년부터 1815년까지 23년 동안 지속된 프랑스 혁명전쟁으로 당시의 유럽 인구 1억 9,000만 명 중에서 500만 명이 전쟁의 직·간접적인 요인으로 사망했다. 또한, 전쟁 과정에서 징집 연령대 남성의 5% 이상인 253만 명이 전장에서 죽거나 다쳤다. 이를 근거로 역사학자들은 전쟁의 본질이나 영향에 대해서는 다양한 이견을 제시하지만, 전쟁이 가져온 급격한 정치·경제·사회적 변화가 유럽의 기존 질서에 심각한 위협이 되었다는 사실만큼은 동의한다. Mark Hewitson, "Princes' Wars, Wars of the People, or Total War? Mass Armies and the Question of a Military Revolution in Germany, 1792–1815" War in History, Vol. 20, No. 4(November, 2013), pp. 452~453.

샤른호르스트는 평민 출신의 하노버군 포병장교였으나, 자신의 군사적 이상을 구현하기
위해 1801년 5월, 프로이센군으로 이적하여 본격적인 군사혁신을 추진했다. 특히 계몽
주의 사상의 영향을 받은 그는 독일 민족의 대통합을 통해 프랑스의 실질적인 속국으로
전락한 프로이센의 해방운동을 주도했다. 샤른호르스트는 프로이센에 대한 변함없는 충
심으로 소수의 혁신파 장교들과 함께 장군참모로 대표되는 군사혁신의 제도화를 통해
프로이센군의 재건과 통일 독일제국 건국의 기초를 마련했다.

[사진 출처: Wikimedia Commons/Public Domain]

지 못했다. 하지만 적이 존재하지 않을 것 같은 나폴레옹의 몰락에 결정적인 역할을 하고, 나폴레옹 이후 프로이센이 유럽 최고 강국으로 성장할 수 있도록 기반을 닦는 인물이 마침내 프로이센에 등장했다. 그는 바로 하노버 출신의 샤른호르스트(Gerhard von Scharnhorst, 1755~1813)였다.

샤른호르스트의 군사적 재능은 나폴레옹에 미치지는 못했다. 샤른호르스트는 프랑스혁명과 나폴레옹의 군사혁신에 깊은 영감을 받았고, 이는 프로이센의 군사혁신에 하나의 동인이 되었다. 샤른호르스트가 프로이센군에 장교로 복무했던 기간은 12년에 불과했지만, 그는 프로이센의 군사혁신에 초석을 다졌다. 그가 구축한 군사혁신의 제도적 기반은 프로이센이 유럽의 군사 강국으로 성장하는 데 핵심적인 역할을 했다. 비록 그가 살아있는 동안, 프로이센이 나폴레옹에 당한 굴욕을 되갚아 주지는 못했지만, 그의 혁신과 동료들이 나폴레옹의 몰락에 결정타를 날렸다. 나폴레옹의 프랑스는 나폴레옹의 운명과 역사의 궤를 같이했지만, 프로이센은 샤른호르스트가 구축한 군사혁신의 제도화로 그의 사후에 더욱 강력해졌다.

동시대를 살았지만, 군사적 천재로 칭송받던 나폴레옹과 달리 샤른호르스트는 그리 주목받지 못했다. 하지만 나폴레옹에게 처참하게 무너진 프로이센을 재건하고, 영속적인 군사혁신의 제도화 기반을 구축함으로써 이후 프로이센을 중심으로 한 독일 통일의 기초를 다지는 데에 있어 샤른호르스트의 영향력은 결정적이었다. 통일 독일제국의 건국 이후 독일군은 유럽 최강의 군대로 성장하여 두 번에

걸친 세계대전을 단행했다. 비록 두 번에 걸친 세계대전에서 독일은
패전국이 되었지만, 주변 강국 모두와의 전쟁을 수행한 독일의 군사
적 역량만큼은 무시할 수가 없었다. 이 모든 출발점은 바로 샤른호
르스트였다.

샤른호르스트는 현실주의자이자 실용주의자였다. 그는 프랑스혁
명 이념에 공감하면서도 프랑스와 같은 급진적인 이념을 섣불리 프
로이센에 도입하지는 않았다. 샤른호르스트는 프로이센의 군사적
전통과 안보 현실을 직시하고, 프로이센에 도입이 가능한 현실적인
대안을 제시했다. 그리고 그는 일시적인 군사혁신이 아닌 영속적인
군사혁신의 제도화를 위해 근본적인 체계 구축에 심혈을 기울였다.
따라서 프로이센군에서 샤른호르스트가 복무했던 기간은 짧았지만,
그의 사후에도 군사혁신의 제도화를 통해 그의 혁신 이상은 프로이
센군에서 지속될 수 있었다. 그리고 그와 뜻을 같이하는 소수의 혁
신파 장교들이 샤른호르스트의 뒤를 이어 프로이센의 군사혁신을
주도함으로써 프로이센군은 유럽 최고의 군대로 거듭날 수 있었다.

샤른호르스트가 활동했던 19세기 초반의 프로이센은 허울뿐인
신성로마제국[3]의 2등 국가에 불과했다. 더군다나 프로이센의 지정
학적 환경은 동쪽으로는 러시아, 서쪽으로는 프랑스, 남쪽으로는 같

---

3 볼테르(Voltaire)라는 필명으로 알려진 프랑스의 대표적인 계몽주의 작가이자 철학자인 아
   루에(François-Marie Arouet, 1694~1778)는 신성로마제국을 "신성하지도 않고, 로마적이지
   도 않으며, 제국도 아니다."라고 조롱할 정도로 신성로마제국은 외형에 비해 취약한 정치
   구조를 가진 연방 형태의 국가였다.

은 게르만족인 오스트리아라는 강대국에 둘러싸여 늘 생존의 위협을 느껴야 했다. 프로이센은 한순간이라도 방심한다면 국가의 생존 자체가 불확실한 상황에 놓이는 지정학적 위험이 큰 국가였다. 이러한 안보 현실 속에서 샤른호르스트는 생존을 위해 프로이센이 가진 유일한 자산인 인적자원의 효과적 활용을 고민했고, 결국 인간 활동의 종합예술과도 같은 전쟁에서 승리하기 위해서는 인적자원의 효율성을 극대화할 수밖에 없다는 결론을 내렸다. 그리고 그는 이러한 인적자원의 효율화를 프로이센 특유의 군사적 전통에 접목하여 장군참모라는 그들만의 독특한 제도를 완성했다. 샤른호르스트의 사후에도 프로이센군은 지속적인 군사혁신을 통해 통일 독일제국 건국의 근간이 되었고, 이후 찬란한 독일제국의 영화를 뒷받침하는 중추 세력이 되었다.

19세기의 프로이센이 직면했던 안보 환경은 오늘날 대한민국의 안보환경과 너무나 흡사하다. 한반도는 5,000년의 역사를 통해 중국 중심의 대륙 세력과 일본 중심의 해양 세력 사이에 끼여 수없는 전쟁의 격전지가 되었다. 우리의 국력이 강할 때에는 평화를 유지했으나, 내부 분열로 자주적인 안보 역량을 상실하는 순간에는 여지없이 외침에 시달려야 했다. 급기야 1910년에는 일본에 우리의 국권을 상실하기도 했다. 따라서 생존을 위한 강력한 군대의 보유는 국가안보의 필수 요소일 뿐만 아니라, 국가의 부흥을 위해 절대적으로 필요한 존재이다.

현재의 한반도는 미국과 중국의 전략적 패권 경쟁의 한가운데에 놓여 있다. 중국은 러시아와 북한을 연계한 권위주의 연대를 규합하여 미국에 대응하고 있고, 미국은 한국과 일본을 연계한 민주주의 연대로 이에 맞서고 있다. 한반도는 새로운 가치연대 세력의 대결 구도의 중심에 놓여 있다. 우리는 팽팽한 긴장 속의 한반도에서 생존을 위한 혜안을 찾아야 한다. 이제 우리는 인류가 살아온 역사의 교훈을 통해 미래로 나아갈 지혜를 얻어야 한다. 어쩌면 우리에게 필요한 답을 200여 년 전에 살았던 샤른호르스트가 제시할 수도 있을 것이다. 지금 우리가 샤른호르스트에 주목해야 하는 것은 바로 이것 때문이다.

II

유년 시절: 1755~1773

1. 출생과 가정환경

샤른호르스트는 1755년 11월 12일, 하노버 선제후국[1]의 작은 소
도시인 보르데나우(Bordenau)에서 가난한 농부의 장남으로 출생했
다. 하지만 그는 첫 아이는 아니었고, 그에게는 5살 손위의 누나가
한 명 있었다. 그의 부친인 샤른호르스트(Ernst Wilhelm Scharnhorst,
1723~82)는 하노버군 부사관으로 복무한 경험이 있는 가난한 소작

---

1   1692년 12월 19일, 신성로마제국 황제인 레오폴트 1세(Leopold I, 1640~1705〈재위: 1658~
    1705〉)에 의해 공국에서 하노버 선제후국으로 승격되었다. 1714년 8월 1일, 하노버 선제
    후인 게오르크 1세(Georg I, 1660~1727〈재위: 1698~1727〉)가 영국 왕 조지 1세(George I, 재
    위: 1714~1727)로 즉위함으로써 영국과 하노버의 군주는 동일했으나, 양국에는 별도의 정
    부가 편성되어 실제로는 독립적으로 운영되었다. 하지만 하노버는 영국의 영향력에 속한
    국가로서 신성로마제국 내에서 영국의 전초기지와 같은 역할을 담당했으며, 1814년 10
    월 12일, 빈 회의에 의해 하노버 왕국으로 승격되었다. 1866년 9월 20일, 프로이센-오스
    트리아 전쟁 당시 프로이센에 반대하여 병합됨으로써 프로이센의 일부인 하노버주가 되
    었다.

농이었다. 샤른호르스트의 모친인 테그트마이어(Friederike Wilhelmine Tegtmeyer, 1728~96)도 평민 출신 농부의 딸이긴 했지만, 그의 부친은 토지를 소유한 자유농으로서 비교적 부유한 편이었다.

샤른호르스트의 부친은 출세 지향적인 인물이었다. 그래서 그는 대를 이어 내려오던 가난을 탈피하기 위해 20세가 되던 1743년에 하노버군의 제8용기병연대에 입대했다. 당시에는 군에 입대하여 복무하는 것이 농사를 짓는 것보다 돈을 벌기가 쉬웠다. 샤른호르스트의 부친은 입대와 동시에 오스트리아 왕위계승 전쟁(War of the Austrian Succession, 1740~48)에 참전하게 되었고, 군인으로서의 재능과 능력을 인정받아 병사에서 부사관까지 진급했다. 그러나 그는 철저한 신분제 사회였던 당시의 사회구조로 인해 군에서 부사관 이상의 진급은 힘들다고 판단하여 결국 전역을 선택했다. 전역과 동시에 샤른호르스트의 부친은 고향인 보르데나우로 귀향하여 본격적인 소작농 생활을 시작했다. 그리고 그는 보르데나우의 한 무도회에서 운명의 여인인 테그트마이어를 만나게 되었다.

보르데나우는 비록 하노버의 작은 소도시였지만, 그곳에서도 경제적 능력에 따른 사회적 지위와 차별은 명확했다. 샤른호르스트의 부친은 평민 신분으로 하류층 소작농에 불과했지만, 그의 모친은 평민 중에서도 부유한 상류층 집안에 속했다. 샤른호르스트의 외조부는 대부분의 부모가 그러하듯이 자신의 딸이 부유한 집안의 남자에게 시집가기를 희망했다. 특히 샤른호르스트에게는 이모가 될 모친의 언니 2명이 이미 경제적 이유에서 비롯된 불행한 결혼생활 끝에 이혼했고, 결국은 자식들과 함께 친정으로 돌아온 상황에서 그의 외조부에게 셋째 사위의 경제적 능력은 매우 중요한 문제였다. 따라서 샤른호르스트의 외조부는 자신의 셋째 딸과 아무것도 가진 것 없는 가난한 소작농과의 결혼을 적극적으로 반대했다.

부친의 반대에도 불구하고 젊은 청춘의 사랑은 더욱 깊어 갔다. 오히려 부친의 반대가 강해질수록, 두 연인의 사랑은 더욱 강렬해졌다. 그 과정에서 샤른호르스트의 모친은 부친의 허락은 물론, 정식 결혼도 하기 전에 뜻하지 않은 임신을 하게 되었다. 임신 초기에는 옷으로 임신 사실을 감출 수 있었지만, 결국 샤른호르스트의 외조부도 딸의 임신 사실을 알게 되었다. 그리고 시간이 지남에 따라 점점 모친의 배가 불러오자, 샤른호르스트의 외조부는 결국 이웃들의 눈을 의식하여 임신 중인 딸을 인접 도시인 데크베르겐(Deckbergen)으로 도피시켰다. 그리고 1750년 9월 6일, 샤른호르스트의 모친은 데크베르겐에서 첫째 딸 빌헬미나(Wilhelmina Elisabeth Sophia von Scharnhorst, 1750~1811)를 출산했다. 이후 모친이 딸과 함께 친정으로 복귀하자, 샤른호르스트의 외조부도 내키지는 않았지만 어쩔 수 없이 결혼을 승낙했다. 마침내 1752년 8월 31일, 샤른호르스트의 부친과 모친은 보르데나우의 교회에서 결혼식을 올리고 정식 부부가 되었다.

샤른호르스트의 부친은 결혼 이후, 장인의 농장에서 일을 도와주며 생계를 유지했다. 샤른호르스트의 외조부는 손녀딸이 태어나자 마지못해 결혼을 승낙하기는 했지만, 농장 일을 돕는 사위를 여전히 냉대했다. 하지만 샤른호르스트의 부친에 대한 외조부의 반감은 1755년 11월에 샤른호르스트가 출생하면서 해소의 계기가 마련되었다. 샤른호르스트의 부친은 양가 집안의 이름으로 아들의 세례를 받게 함으로써 외조부는 부친에 대해서 조금씩 마음을 열게 되었다. 샤른호르스트의 출생 이후, 샤른호르스트의 부친은 특유의 성실성으로 조금씩 장인의 인정을 받으며 농장을 발전시켜 나갔다. 하지만 1759년 9월, 샤른호르스트의 외조부가 사망하면서 그의 부친은 장모를 포함한 모친의 손위 자매들과 농장 상속을 둘러싼 법적 갈등에 휩싸이게 되었다. 법적 공방이 진행되는 가운데, 샤른호르스트 일가는 어쩔 수 없이 외조부의 농장이 있던 보르데나우를 떠나 인근의 해멜세(Hämelsee)로 이사해야 했다.

샤른호르스트가 4살이 되던 1759년 10월, 샤른호르스트의 부친은 가장으로서 생계를 유지하기 위해 해멜세 지역에 거주하는 한 귀족 가문의 영지를 대여하여 다시 소작농 생활로 돌아갔다. 그리고 샤른호르스트의 부친은 장모를 비롯한 처가 식구들과 농장 상속을 둘러싼 기나긴 법정 투쟁을 지속해야 했다. 샤른호르스트의 부친은 특유의 끈기와 인내심으로 법적 소송을 포기하지 않았다. 그리고 샤른호르스트는 빈곤에 익숙한 어린 시절부터 장남으로서 부친의 농사일을 도우면서 인내, 관용, 절제, 근면의 가치를 체득했다. 그는 역경 속에서도 포기하지 않고 난관을 헤쳐 나가는 부친의 삶에서 큰 영향을 받았고, 이는 샤른호르스트의 유년 시절 인성 형성에 중요한

역할을 했다.[2]

2. 초급교육과 군사적 소양

샤른호르스트는 7살이 되던 1762년이 되어서야 학교 교육을 받을 수 있었다. 샤른호르스트 가족이 거주하고 있던 해맬세는 워낙 작은 마을이라 학교가 없었다. 그리고 해맬세에는 학교를 대신하여 기초교육을 담당하던 교회조차도 없었다. 결국, 샤른호르스트는 초급학교에 가기 위해 안데르텐(Anderten)이라는 이웃 마을까지 가야만 했다. 샤른호르스트가 다닌 초급학교는 기초 독일어 발음과 작문, 기초 산수, 기독교 기본교리를 가르쳤다. 샤른호르스트는 안데르텐의 초급학교를 다니긴 했지만, 가정 형편상 체계적인 교육을 받지는 못해 표준 독일어를 사용하는 데에는 어려움을 겪었다. 따라서 샤른호르스트는 성인이 된 이후에도 어린 시절의 체계적인 초급교육 부족으로 인한 표준 독일어 구사 능력이 떨어져 이를 개선하기 위해 부단히 노력해야만 했다.

안데르텐에서의 초급학교 생활도 그리 오래 지속되지는 못했다. 샤른호르스트가 10살이 되던 1765년 8월, 해멜세에 거주하던 샤른호르스트 가족의 보금자리에 화재가 발생하여 집이 전소되고 말았

---

2   Charles E. White, *Scharnhorst: The Formative Years, 1755-1801* (Warwick: Helion & Company, 2020), pp. 15~23.

다. 순식간에 거주할 공간을 잃어버린 샤른호르스트 가족은 인접 마을인 보트메르(Bothmer)로 이주했다. 하지만 보트메르는 해멜세 못지않은 시골 마을로 초급학교는 물론, 주변에 아동들에게 기초교육을 제공하는 교회나 가르침을 줄 만한 학식 있는 어른들도 존재하지 않았다. 샤른호르스트의 짧은 초급학교 시절은 이렇게 끝나고 말았다. 샤른호르스트가 보트메르로 이사한 이후에는 부족한 학습을 보충하기 위해 시간 날 때마다 스스로 독학할 수밖에 없었다.

가난했지만 성실했던 샤른호르스트의 부친은 주변의 명망 있는 귀족 가문의 집사로 일할 수 있게 되었다. 샤른호르스트는 귀족 집안에서 부친과 같이 일하던 동료 어른 중에서 프로이센을 신흥강국으로 부흥시킨 프리드리히 2세(Friedrich II, 1712~86〈재위: 1740~86〉)와 함께 전장을 누볐던 전역병 출신들로부터 전쟁 이야기를 듣는 것을 좋아했다. 부사관 출신이던 부친의 기질을 물려받은 샤른호르스트는 어린 시절부터 군대 이야기에 심취했다. 그리고 그는 마을 교회 목사의 호의로 목사의 개인 서재에 있던 오스트리아 왕위계승 전쟁과 7년 전쟁(Seven Years' War, 1756~63)에 관한 전쟁사 책을 빌려 읽으며 군사적 소양을 키워갔다.

샤른호르스트는 마을 교회 목사의 배려와 지도 아래, 부족하지만 그나마 마음껏 책을 읽으며 전쟁사를 비롯한 역사 전반에 관심을 두게 되었다. 샤른호르스트의 부친은 어린 아들의 군사적 재능을 한눈에 알아봤지만, 철저한 신분제 사회의 속박을 벗어날 수 없음을 잘 알았다. 그의 부친은 샤른호르스트가 자신과 같이 군에 입대하더라도 평민의 신분으로는 부사관 이상의 계급으로 진급할 수 없음을 잘 알고 있었다. 그래서 그는 아들이 자신과 같은 상처를 받지 않기를 원했다. 샤른호르스트의 부친은 자기 아들이 군대보다는 자신과 같이 농장을 경영함으로써 자유농으로서 부를 축적하기를 희망했다. 샤른호르스트의 부친은 샤른호르스트가 뚫을 수 없는 유리천장과 같은 군 생활보다는 농장 경영을 통해 그의 외조부와 같은 부유농이 되기를 진정으로 원했다. 그것이 18세기 후반, 독일계 국가의 평민 농민이 꿈꿀 수 있는 최고의 성공 신화였다.

샤른호르스트 외조부의 유산인 농장 경영권을 둘러싼 오랜 법적 소송은 1772년 8월, 샤른호르스트 부친의 최종적인 승리로 끝났다. 장인이 운영하던 농장의 실질적인 소유권을 확보하게 된 샤른호르스트 가족은 마침내 보르데나우의 농장으로 돌아갈 수 있게 되었다. 그의 부친은 보르데나우로 귀향하자마자, 탁월한 농장 경영 성과를 통해 주변으로부터 명성을 얻기 시작했다. 그리고 본격적인 농장 경영 이후, 샤른호르스트 집안의 경제 상황도 조금씩 나아졌다. 집안의 경제적 상황이 호전되자, 그의 부친도 장남인 샤른호르스트의 지적 재능을 알아보고, 그의 장래를 위한 교육에 관심을 두게 되었다.[3]

---

3   Charles E. White, 앞의 책, pp. 23~25.

III

하노버군에서의 청년장교 시절: 1773~1801

1. 샤움부르크-리페의 군사학교를 통한 군 입문

하노버 인근의 독일계 소규모 제후국이던 샤움부르크-리페[1]를 통치하던 빌헬름(Wilhelm Friedrich Ernst, 1724~77〈재위: 1748~77〉) 백작은 인근 지역을 순회하던 중에 탁월한 농장 경영 능력으로 소문이 자자한 샤른호르스트의 부친을 찾아왔다. 소국의 통치자로서 장교의 자질과 출생 신분은 무관하다고 생각했던 계몽주의 신봉자인 빌헬름 백작은 우수한 인재를 발굴하기 위해 주변국을 자주 순회했다. 샤른호르스트의 부친은 빌헬름 백작과의 우연한 만남이 군사적 재능을 가진 자기 아들, 샤른호르스트에게 새로운 기회를 제공할 수

---

1 빌헬름 백작이 통치하던 당시의 샤움부르크-리페는 전체 인구가 2만 명에 불과한 소국으로 신성로마제국 내에서 4번째로 작은 소국이었다. Michael Schoy, "General Gerhard von Scharnhorst: Mentor of Clausewitz and Father of the Prussian-German General Staff" Canadian Forces College(2005), p. 4.

있을 것으로 생각했다. 그래서 그는 이 기회를 살려 빌헬름 백작과의 면담 간에 자기 아들인 샤른호르스트를 소개하며, 빌헬름 백작이 운영하는 군사학교 입학을 요청했다. 빌헬름 백작도 단숨에 샤른호르스트의 군사적 잠재력을 인식했으나, 유년 시절의 정규교육 부족으로 군사학교에서의 학업을 이수하기 위한 샤른호르스트의 기초 역량은 부족하다고 판단했다.

빌헬름 백작은 샤른호르스트의 기초 역량 강화를 위한 추가적인 학습 이후에 정식으로 입학시험에 응시할 것을 요구했다. 결국, 샤른호르스트는 빌헬름 백작과의 면담 이후, 몇 달 동안의 자기학습프로그램을 통해 부족한 기초학습을 보완했다. 1773년 4월 29일, 군사학교 입학시험에 합격한 샤른호르스트는 빌헬름슈타인 (*Wilhelmstein*)[2]이라고 불리던 샤움부르크-리페의 군사학교에 정식 입학했다. 샤른호르스트는 최초 평가인 입학시험에서는 평균 이하의 합격점을 받았으나, 입학 이후 2년이 지난 1775년 4월에 치른 정

---

2 빌헬름 백작이 설립한 빌헬름슈타인은 단일 군사학교가 아니라, 과학과 기술 분야를 담당할 장교를 양성하기 위한 여러 학교들이 모인 군사학교 종합단지를 의미했다. 빌헬름슈타인은 1767년 4월에 설립된 '포병 이론학교(The Theoretical Artillery School)'와 1767년 6월에 설립된 '포병 및 공병 실용학교(The School of Practice for the Artillery and Engineers)'로 구성되었다. 빌헬름슈타인은 수학, 물리학, 화학, 역학, 역사, 경제학, 약학, 지리학, 외국어 등의 일반학과 군사사, 전술, 포술, 공병술, 요새 구축, 지도학 등의 군사학을 포함하는 포괄적인 교육과목을 가르쳤다. 당시 일반적인 군사학교들은 실용적인 군사훈련에만 중점을 두었지만, 빌헬름슈타인은 인문학과 과학적 논리를 바탕으로 종합적인 전쟁술의 교육과 훈련을 통한 군사 지도자의 도야에 중점을 두어 차별화된 교육을 진행했다. 이러한 교육과정은 훗날 샤른호르스트의 군사혁신에 지대한 영향을 주었다. Charles E. White, 앞의 책, pp. 46~47.

신성로마제국의 소국인 샤움부르크-리페의 빌헬름 백작은 국가안보를 위한 우수한 인재 발굴과 육성을 중시하던 혁신적인 통치자였다. 계몽주의 철학에 기반을 둔 혁신적 사고의 소유자인 빌헬름 백작은 국가 내에 빌헬름슈타인이라는 복합적인 군사교육기관을 설치해 소국의 생존을 도모했다. 샤른호르스트는 빌헬름 백작의 교육을 통해 계몽주의에 입각한 근대적 군사학 개념을 정립했고, 빌헬름 백작은 훗날 샤른호르스트의 군사혁신 개념 형성에 지대한 영향을 주었다.

[사진 출처: Wikimedia Commons/Public Domain]

기 평가에서는 금메달을 수상할 정도로 실력이 급성장했다. 그리고 1777년 8월에는 모든 평가에서 우수 성적을 받아 빌헬름 백작으로부터 종합성적 분야의 금메달을 수상했다. 누구보다도 인재의 중요성을 절박하게 느낀 빌헬름 백작은 군사적 소양이 갖추어진 인재라고 생각되면, 신분에 상관없이 군사학교에 받아들였다. 실제 샤른호르스트가 재학 중이던 1773년부터 1777년까지 빌헬름슈타인 내에 평민 출신의 후보생은 20명이었던 것에 반해 귀족 출신은 4명에 불과했다. 그리고 빌헬름 백작 지도 아래, 빌헬름슈타인이 존속하던 10년 동안 소정의 교육과정을 이수한 인원은 샤른호르스트를 비롯하여 44명에 불과했다.[3] 그만큼 빌헬름슈타인은 소수 정예의 고급장교 양성을 위한 전문화된 군사학교였다.

빌헬름 백작은 빌헬름슈타인의 운영에 애정을 갖고 직접 관여했다. 그래서 샤른호르스트는 빌헬름슈타인에서 교육받는 동안, 빌헬름 백작을 통해 당시 유럽 사회에 유행하던 계몽주의를 접하게 되었다. 특히 그는 프랑스의 철학자 루소(Jean Jacques Rousseau, 1712~78)로부터 깊은 영향을 받았다. 샤른호르스트는 루소와 같이 전쟁과 군대는 사회구조적인 필요악이라고 생각했다. 그는 영토 확장을 위한 전쟁은 비윤리적이지만 불가피한 것으로 인식했다. 샤른호르스트는 루소의 사상적 영향으로 전쟁을 현실 세계에서 불가피한 사회현상

---

3   Charles E. White, "Scharnhorst´s Mentor" War in History, Vol. 24, No. 3(July, 2017), pp. 278~279.

으로 인식했고, 그런 현실전쟁에서 승리하기 위해서는 실용적인 관점에서 해답을 찾아야 한다고 생각했다.

샤른호르스트는 완벽한 민주주의자는 아니었지만, 민주주의적 가치를 이해했고, 군사적 효용성을 높이기 위해 민주주의의 부분적인 도입은 필요하다고 생각했다. 특히 전쟁의 양상이 소규모 상비군에 의한 제한전이 아니라, 일반 국민의 자발적 참여를 통한 대규모의 총력전 양상으로 변모함에 따라 국민의 자발성을 유도하기 위한 동기 부여가 어느 때보다 중요해졌다. 샤른호르스트는 국민의 애국심만이 전쟁에 대한 국민의 자발적 참여를 끌어낼 수 있다고 믿었다. 그리고 그는 국가가 국민의 기본권을 제도적으로 보장함으로써 자발성을 유도할 수 있다고 생각했다. 따라서 샤른호르스트는 기존의 절대군주제를 공화제로 전환할 수 없다면, 국왕의 권한을 법으로 제한하는 입헌군주제라도 도입해야 한다고 생각했다.

빌헬름 백작은 샤른호르스트의 이러한 혁신적 사고를 지지해 주었고, 그의 능력을 높이 평가하여 빌헬름슈타인에서 강의할 수 있도록 배려해 주었다. 교육생에서 교관으로 신분이 전환된 샤른호르스트는 순식간에 빌헬름슈타인에서 가장 뛰어난 교관의 한 명으로 인정받게 되었다. 샤른호르스트는 신임 교관임에도 불구하고, 그의 역량을 눈여겨본 빌헬름 백작의 배려로 강의 편성에서도 재량권을 인정받았다. 이에 샤른호르스트는 빌헬름슈타인의 교육과목을 군사학, 인문학, 과학의 3축으로 발전시켰는데, 이는 훗날 샤른호르스트의 교육관 정립에 중요한 경험이 되었다. 샤른호르스트는 빌헬름슈타인에서의 교관 경험을 통해 군사 지휘는 단순한 기술이 아니라 체계적인 교육을 통해 양성되는 복합적인 훈련의 산물로 인식하게 되었다.[4]

빌헬름슈타인의 혁신적인 교육과정은 전적으로 빌헬름 백작의 노력으로 추진되었다. 그래서 1777년 9월, 빌헬름 백작이 사망하자, 빌헬름슈타인은 곧 특유의 혁신성을 상실하게 되었다. 혁신성이 사라지고, 유럽에서 흔한 보편적인 군사학교로 전락한 빌헬름슈타인에 실망한 샤른호르스트는 빌헬름 백작이 존재하지 않는 빌헬름슈타인은 의미가 없다고 생각하여 학교를 떠나 고향으로 복귀했다. 그리고 그는 조그만 소국이었던 샤움부르크-리페에서의 군 복무는 전망이 어두울 것으로 생각하고, 샤움부르크-리페보다는 좀 더 규모가 큰 하노버군으로의 이적을 추진했다. 이에 빌헬름 백작의 사촌으로 샤움부르크-리페의 통치권을 인수한 필리프(Philipp II Ernst, 1723~87〈재위: 1777~87〉) 백작은 샤른호르스트의 잠재성을 간파하고, 처음에는 그의 면직을 불허했다. 하지만 샤른호르스트의 모국인 하노버의 중재로 결국 1778년 10월 9일, 그는 샤움부르크-리페군에서 공식 퇴역했다.

빌헬름슈타인에서의 4년 동안, 샤른호르스트는 빌헬름 백작으로부터 군사 지도자로서 필요한 자질, 지성, 세계관을 배웠고, 훗날 샤

---

4 Jonathan R. White, *The Prussian Army, 1640-1871* (Lanham: University Press of America, 1996), pp. 195~196.

른호르스트의 군사혁신에 기초가 되는 도야(*Bildung*) 개념도 배웠다. 샤른호르스트가 빌헬름슈타인에서 머물렀던 기간은 짧았지만, 빌헬름슈타인은 샤른호르스트가 군인으로서의 첫 발걸음을 내디딘 곳으로 그의 가치관 형성에 많은 영향을 주었다. 샤른호르스트가 중시하던 도야는 마음과 육체와 영혼의 균형 관계를 함축하는 것으로, 이는 개인의 발전뿐만 아니라 사회의 성장에도 기본이 된다고 생각했다. 그는 도야란 특정 기술을 숙달하기 위한 단순 훈련이 아니라, 반복적인 절차를 통해 함양되는 일종의 정신 수양으로 인식했다. 따라서 샤른호르스트는 군사 지도자는 다양한 영역과 형태의 교육을 통해 단순 군사 지식과 기술을 습득하는 것은 물론, 군사 분야의 형이상학적인 개념을 이해하기 위해 지속적이고 반복적인 노력이 필요하다고 강조했다. 그는 도야를 단순히 개인의 영역이 아닌 군을 포함한 사회 전반에 이식되어야 할 체계개념으로 인식했다. 이는 당시로서는 매우 획기적이고 혁신적인 생각이었다. 샤른호르스트의 교육관에서 도야 개념의 수용은 훗날 프로이센군에서의 장교단 자질 함양을 위한 군사학교의 교육과정 편성과 제도화된 소수 정예 장교단인 장군참모의 질적 향상을 위한 단계별 교육프로그램 선정에 상당한 영향을 미쳤다.

2. 하노버군 이적과 초급장교 시절

빌헬름 백작의 사망 이후, 고향으로 돌아온 샤른호르스트는 자신의 군사적 기량을 펼치기에 적합한 하노버군으로의 이적을 추진했다. 1778년 7월 28일, 샤른호르스트는 아직 샤움부르크-리페군에서의 정식적인 퇴역 승인이 나지 않았지만, 하노버 국왕을 겸하던 영국 국왕 조지 3세(George III, 1738~1820〈재위: 1760~1820〉)의 승인을 받아 그의 부친이 부사관으로 근무했던 제8용기병연대의 소위로 임관했다. 그리고 샤른호르스트의 장교 임관 두 달 후인 10월 9일, 샤움부르크-리페군에서의 공식적인 퇴역 행정 처리도 마무리됨에 따라 이후로는 온전한 하노버군 장교가 되었다.

샤른호르스트가 보직된 첫 번째 부대 지휘관인 제8용기병연대장은 에스토르프(Emmerich Otto August von Estorff, 1722~96) 소장이었다. 1766년부터 연대장을 수행한 에스토르프는 계몽주의에 심취한 인물로 7년 전쟁을 치르면서 빌헬름 백작과도 친분이 있던 장군이었다. 에스토르프는 당시의 일반적인 지휘관들과는 달리 체계적인 도야 개념을 적용한 장교와 부사관의 양성 과정에 열정적으로 헌신했다. 그는 빌헬름 백작과 마찬가지로 군사 지도자에게 군사학 못지 않게 일반학도 중요하다는 믿음을 갖고 있었다. 샤른호르스트는 운 좋게도 빌헬름 백작에 이어 에스토르프 장군까지 군 생활 초창기에 만난 지휘관들은 그의 혁신적 사고를 확장시켜 줄 수 있는 계몽주의자들이었다.

에스토르프는 1770년에 연대본부가 노르트하임(Northeim)으로 이전하자, 연대 내의 초급장교와 부사관의 체계적인 군사교육을 위해 연대학교를 설립했다. 연대학교의 교관은 유능한 부사관의 지원을 받는 연대 참모들로 구성되었다. 연대학교에서는 주로 기초수학, 기하학, 기마술, 생존법, 군사행정, 실무업무 등을 가르쳤다. 에스토르프는 샤른호르스트가 연대에 배정되자, 빌헬름슈타인 시절부터 유명했던 그의 군사 잠재성을 알아보고 그를 교관단에 편성했다. 비록 연대학교의 기존 교관들은 변변찮은 사회적 배경을 가진 평민 출신 초급장교인 샤른호르스트를 무시했으나, 샤른호르스트는 전혀 이에 아랑곳하지 않았다. 오히려 그는 자기 발전을 위해 자발적으로 인접한 괴팅겐 대학(University of Göttingen)에서 공부하며, 자신의 역량을 키워 나갔다. 그 결과 샤른호르스트는 연대학교 전입 1년 만에 선임 교관으로 승진했다. 그는 연대학교는 물론 하노버군 전체에 명성을 떨쳤다.

샤른호르스트는 괴팅겐 대학에서의 학업을 통해 바람직한 민군관계를 이해하게 되었다. 그는 현재와 같은 절대왕정 국가의 정치·사회적 구조혁신이 동반되지 않는다면, 더 이상 현 상태와 같은 절대왕정 국가의 존속은 어려우리라 생각했다. 그리고 샤른호르스트는 지금이야말로 이러한 총체적 혁신을 위해 사회적 차원의 토론을 통한 담론을 형성해야 한다고 생각했다. 샤른호르스트에게 연대학교 교관으로서의 4년은 빌헬름슈타인에 이어 미래의 군사 사상가, 군사 교육자, 군사 작가, 군사 지도자로서의 기초를 다진 시간이었다. 더군다나 괴팅겐 대학에서의 자유로운 기풍 속에서 배웠던 역사, 문화, 정치 교육은 샤른호르스트의 새로운 지적 영역을 확장시켰다. 또한, 샤른호르스트에게 그 기간은 향후 민간 교육과정의 장

점을 군사 교육과정에 접목하는 데에 있어 의미 있는 경험을 제공했다.[5]

1782년 7월, 샤른호르스트는 하노버군의 포병학교 창설자인 트레브(Victor Lebrecht von Trew, 1730~1803) 중령의 요청으로 연대학교에서 포병학교로 보직을 이동했다. 특히 그는 연대학교에 이어 포병학교에서 10여 년 동안 교관으로 근무하며 많은 군사 저술을 남겼다. 샤른호르스트는 포병학교 전입 직후인 1782년부터 1784년까지 '군사서고(Military Library)'라는 군사 저널을 4차에 걸쳐 발간했다. 군사서고는 편집 분량이 대략 150~170쪽에 달하는 저널로 하노버군 장교들에게 다양한 무기체계와 유럽 군대의 규율, 보급체계, 훈련 등에 대한 정보는 물론 장교로서의 군사 전문성 향상에 필요한 다양한 논문도 제공했다. 물론 샤른호르스트 자신도 군사서고에 많은 논문을 기고했다. 특히 이 저널의 발간 목적은 하노버군을 포함하여 책을 접하기 어려운 독일계 국가의 초급장교들이 새로운 군사소식을 쉽게 접하도록 하기 위한 것이었다. 그의 군사적 지평은 단순히 그가 소속된 하노버군에 국한되지 않았고, 독일계 국가 전체를 지향했다. 이미 그는 독일계 소국들을 통합한 통일국가를 이루고자 하는 비전을 품고 있었다. 샤른호르스트의 첫 군사 저널인 군사서고는 독일계 국가 장교들은 물론, 독일계 국가와 인접한 덴마크나 심지어 멀리 떨어진 포르투갈 장교들도 읽었다. 사상가이자 이론가로

---

5   Charles E. White, 앞의 책, pp. 62~84.

서의 샤른호르스트의 군사적 명성은 이때부터 전 유럽에 조금씩 알려지게 되었다.[6]

샤른호르스트는 1783년에 발간된 군사서고 신판에 장교들에게 필요한 추가적인 군사학 분야의 참고문헌 목록을 제시함으로써 장교들의 지적 역량 확충을 위한 폭넓은 독서를 권장했다. 이와 동시에 그는 군사학 분야의 저명한 책들을 소개함으로써 독일계 국가 내에서 술과 과학을 포함한 군사학 전반의 열띤 토론과 논쟁을 유도했다. 샤른호르스트는 군사 지도자에게 필요한 도야의 수단으로 독서와 학습을 중시했는데, 당시에 그가 발간한 군사서고는 장교들에게 큰 역할을 했다. 샤른호르스트가 발간한 군사서고는 곧 유럽에서 가장 인기 있는 군사 저널 중의 하나로 정착했고, 당시에는 이례적으로 무려 668명이나 되는 정기구독자를 확보하고 있었다.[7]

샤른호르스트는 포병학교 교관이자 군사 저널의 발행인으로서 평시 군사사 연구의 중요성을 강조했다. 그는 실전경험을 할 수 없는 평시에는 군사사에 대한 심오한 연구만이 전시의 다양한 지휘와 전술 활용에 대한 해답을 제공할 수 있다고 생각했다. 샤른호르스트는 이런 측면에서 전·평시를 막론하고 교육과 훈련을 강조하는 로마군을 이상적인 군대로 인식했다. 그는 로마군의 장교들과 같이, 군은 평상시부터 혹독한 훈련과 학습을 통해 전쟁에 대한 무관심과

---

6 Michael Schoy, 앞의 글, p. 6.

7 Charles E. White, 위의 책, pp. 88~90.

현실 안주를 극복함으로써 전문적인 군대로 성장할 수 있다고 믿었다. 따라서 샤른호르스트는 항상 도야를 통해 군사 지도자들의 전투 지휘 능력을 향상시켜야 한다고 생각했다. 그는 장교들에게 도야를 통한 전시의 핵심적이고 독립적인 판단력을 강조했다. 결론적으로 샤른호르스트는 군사사 연구를 포함한 군의 학습문화 정착을 주장했다.

　샤른호르스트는 포병학교 교관으로 부임한 지, 채 일 년도 지나지 않은 1783년 봄에 장기휴가를 신청했다. 그는 독일계 국가들의 포병학교를 둘러보겠다는 이유로 장기휴가를 신청했으나, 당시로서는 이는 예외적인 경우였다. 샤른호르스트가 장기휴가를 신청한 근본 이유는 독일계 국가들의 최근 주요 전장을 답사하기 위해서였다. 특히 샤른호르스트는 신성로마제국 내에서 신흥강국으로 부상하고 있는 프로이센의 주요 전장을 방문하고자 했다. 그는 7년 전쟁의 주요 격전지를 돌아다니며 전장을 스케치하거나, 현장에서 기록에 남겨진 전투 경과를 검토했다. 샤른호르스트는 전장 답사를 통해 당시의 전투 상황을 재구성함으로써 많은 실증적인 군사사 연구 산물을 축적했다. 그는 봄부터 여름에 이르기까지 장기간의 전장 답사를 통해 축적한 연구 산물을 자신의 강의와 군사 저널에 기고함으로써 연구 성과를 공유했다. 그리고 그가 경험했던 전장 답사는 향후 그의 장교단 교육방식에 있어 하나의 중요한 교육과정으로 정착되었다. 장기간의 전장 답사를 마친 샤른호르스트는 1783년 늦여름이 되어서야 포병학교로 복귀했다.

샤른호르스트는 하노버군에서의 공로를 인정받아 1784년 4월 2일, 마침내 중위로 진급했다. 에스토르프의 연대학교와 트레브의 포병학교 교관을 거치면서 샤른호르스트의 군사적 명성은 널리 알려졌고, 자연스럽게 이를 시기하는 무리도 생겨났다. 특히 정기구독자가 상당한 군사서고가 유명해지자, 많은 군사 저널의 악의적인 비판과 공격이 이어졌다. 악의적 공격에 상처를 입은 샤른호르스트의 호소와 해명에도 불구하고, 샤른호르스트의 군사서고 발간과 군사 논평에 대한 비판이 지속되었다. 결국, 1784년 말에 이르러 샤른호르스트는 자신이 발간하던 군사서고를 폐간하기로 결정했다.

샤른호르스트가 군사서고를 폐간했다고 하여, 자신의 군사적 논평을 공유할 공간을 완전히 포기한 것은 아니었다. 그는 군사서고 폐간 직후인 1785년, '장교서고(Library for Officers)'라는 새로운 군사 저널을 창간했다. 샤른호르스트의 새로운 군사 저널은 기존의 군사서고에서 제목만 바꾼 것이 아니라, 집필진이나 발간 주기 등에서도 변화를 주었다. 특히 그는 장교서고의 발간을 통해 외국군의 군사 자료와 군사 교범을 번역하여 소개함으로써 장교들의 자발적인 학습을 돕는 데 발간 중점을 두었다. 이렇듯 샤른호르스트는 장교서고라는 새로운 군사 저널을 통해 다양한 분야의 외국군 군사 저술을 독자들에게 소개하는 데 심혈을 기울였으나, 군사서고와는 달리 독자들의 큰 주목을 받지는 못했다. 결국, 그는 독자들의 무관심에 실망하여 더 이상의 장교서고를 발행하지 않기로 결정했다.

샤른호르스트에게 1785년은 다사다난한 한 해였다. 논란을 불러

온 군사서고를 폐간하고, 이를 대신할 장교서고를 발간했으나, 군사서고와 달리 기대했던 호응은 없었다. 하지만 그는 괴팅겐 대학에서 만난 법학 전공의 친구인 하인리히 슈말츠(Theodor Anton Heinrich Schmalz, 1760~1831)의 소개로 그의 여동생인 클라라 슈말츠(Klara Christiane Johanna Schmalz, 1762~1803)를 만나 평생을 함께하기로 약속했다. 샤른호르스트와 클라라 슈말츠는 1785년 4월 24일에 결혼함으로써 생활의 안정을 찾게 되었다. 샤른호르스트는 클라라 슈말츠와의 18년에 걸친 결혼생활 동안 5명의 자녀[8]를 가졌다. 특히 그는 가정적인 남편이자 아버지로서 혁명전쟁의 과정에서도 늘 부인과 자녀들에게 자주 편지를 쓰는 모범적인 가장이었다. 그래서 샤른호르스트는 아내와 자녀들에게 더 나은 생활 여건을 마련해주기 위해 헌신적으로 복무했다.

장교서고의 폐간과 결혼을 동시에 경험한 1785년, 샤른호르스트는 포병학교장인 트레브 대령[9]에게 '군을 위한 군사학교의 설립안(On the Establishment of a Military School for Our Corps)'이라는 보고서

---

8 샤른호르스트는 클라라 슈말츠와의 사이에 2남 3녀의 자식을 두었다. 첫째는 아들인 하인리히(Heinrich Wilhelm Gerhard von Scharnhorst, 1786~1854), 둘째는 딸인 클라라(Klara Sophie Julie von Scharnhorst, 1788~1827), 셋째는 딸인 소피(Sophie Ernestine Scharnhorst, 1791~92), 넷째는 아들인 프리드리히(Friedrich Gerhard August von Scharnhorst, 1795~1826), 다섯째는 딸인 안나(Anna Sophie Emilia von Scharnhorst, 1799~1804)였다. 샤른호르스트의 장남인 하인리히는 부친의 영향을 받아 프로이센군에 입대하여 장군의 직위까지 올랐다. Michael Schoy, 앞의 글, p. 8.

9 포병학교장인 트레브 중령은 1784년 7월 13일부로 대령으로 진급했다.

를 작성해 보고했다. 그는 보고서를 통해 포병학교를 종합군사학교로 전환할 것을 제안했다. 그리고 세부 운용안에는 과거 그가 공부했던 빌헬름슈타인과 유사한 교육과정 편성을 제안했다. 샤른호르스트의 혁신적인 제안에 대다수의 하노버군 장교들은 경악했다. 특히 귀족 출신의 장교단은 사회적 신분이 주는 우월감에 도취되어 굳이 추가적인 군사교육의 필요성을 느끼지 못했고, 평민 출신이나 담당하던 과학이나 기술 분야를 교육과정에 포함해야 한다는 샤른호르스트의 주장에는 격렬하게 반대했다. 당연히 하노버군에서 샤른호르스트의 제안을 지지하는 장교들은 거의 없었다.

샤른호르스트는 다른 장교들의 인식에 아랑곳하지 않았다. 오히려 그는 포병학교의 새로운 학기를 준비하는 차원에서 교과과정 개정안인 '포병학교를 위한 몇 가지 제안(Several Proposals Pertaining to the Artillery School)'을 제출했다. 샤른호르스트는 제안서를 통해 6가지의 핵심 개정안을 제안했다. 첫째, 모든 교육생의 적시적인 학업 성취도를 식별하기 위해 교반 평가를 분기 대신 월간 단위로 전환할 것을 제안했다. 둘째, 교육생이 정기적인 수업에 참여하지 못해도 월간 평가에는 참가할 수 있도록 허용할 것을 제안했다. 셋째, 모든 교육생들은 학교장인 트레브 대령이 참관하는 공개적인 발표회를 통해 학업 능력을 객관적으로 평가받도록 제안했다. 넷째, 학업 성취도는 월간 평가와 공개 발표회를 통해 입증하도록 제안했다. 다섯째, 학업에 대한 동기 부여를 위해 평가 결과에 따른 교육생의 서열 부여를 제안했다. 여섯째, 평가 결과를 당시에 저명했던 군사 저널인 '하노버(Hanover Magazine)' 지에 공개할 것을 제안했다. 특히 마지막 3개의 제안은 철저한 신분제 국가였던 하노버의 주요 군 직위 자들을 경악시켰다.[10]

샤른호르스트는 객관적이고 공개적인 평가를 통해 교육생들의 학습 동기를 고취시키려 했고, 사회적 배경보다는 개인의 능력에 따른 적절한 보상과 대우를 제도적으로 반영할 것을 제안했다. 하지만 권위적인 귀족 출신 장교들은 자신이 속한 가문의 사회적 지위가 아닌 개인 평가 결과에 따른 서열 공개를 두려워했다. 또한, 그들은 평소에 무시하던 평민 출신 장교들이 자신들보다 우수한 성적을 받게 된다면 그들의 전통적인 권위가 실추될 수도 있다는 점을 우려했다. 더 나아가 행여나 귀족 출신 장교들은 그들의 실력이 기대와는 달리 보잘것없다는 결과가 나타난다면, 장기적으로는 견고한 신분제 사회질서가 위험에 처할 수도 있을 것으로 생각하여 샤른호르스트의 급진적인 주장에 격렬히 반대했다.

샤른호르스트의 첫 번째 저서는 1787년에 발간되었다. 책의 제목은 『장교용 실용 군사학 핸드북(Handbook for Officers on the Practical Components of the Military Sciences)』이었다. 이 책은 1787년부터 1790년까지 총 3권으로 나누어 출간되었다. 샤른호르스트가 이 책을 집필한 목적은 다양한 병과 간의 전시 상관관계에 대한 설명을 통해 경험과 교육이 부족한 장교들이 활용할 수 있는 실용적인 지식

---

10   Charles E. White, 앞의 책, pp. 113~115.

을 전달하기 위함이었다. 이 책은 샤른호르스트가 하노버군에서 복무한 10년간의 연구 성과와 강의록을 편집한 책이었다. 샤른호르스트의 책은 전시의 다양한 전장 상황 속에서 초급장교들이 해야 할 역할과 행동 요령을 제공하는 기초 군사 교재였다. 각 장은 기초적인 전술 이론에 대한 소개와 함께 실질적인 적용 방안을 제시하는 방식으로 기술되었다. 샤른호르스트는 학교장인 트레브 대령의 승인을 얻어 포병학교에서 담당 교반을 위한 전용 교재로 활용하기 위한 목적으로 이 책을 집필했다.

샤른호르스트가 집필한 장교용 실용 군사학 핸드북의 제1권은 자신의 병과와 포병학교 교재임을 고려해 포병에 대한 기초 이론과 운용 방안에 대해 기술했다. 그는 제1권에서 18세기 후반, 산업혁명과 화약의 등장에서 비롯된 본격적인 군사과학 기술의 발달로 나날이 발전하는 다양한 대포의 성능 소개와 함께 포병의 편성 및 운용에 대한 전반적인 이해가 가능하도록 구체적으로 기술했다. 그리고 1788년에 발간한 제2권에서 그는 요새전에 대해서 기술했는데, 당시의 전형적인 전투 양상에 따라 요새전을 기술한 제2권은 큰 관심을 받았다. 그가 1790년에 발간한 마지막 제3권은 초급장교들의 전술적인 전투기술과 대대급에서 요구되는 보병과 기병 전술을 다루었다. 샤른호르스트가 집필한 장교용 실용 군사학 핸드북은 그동안의 독서와 연구 결과를 바탕으로 작성되었다. 또한, 장교용 실용 군사학 핸드북은 제한적이지만 야전부대에서의 경험을 토대로 습득한 군사 문제에 대한 폭넓은 이해를 바탕으로 당시 3대 주요 전투병

과인 보병, 포병, 기병의 운용에 대한 세부적인 실무지식을 담고 있는 가치 있는 저술이었다.

샤른호르스트는 생애 첫 저서 발간에 이어 1788년에 세 번째 군사 저널인 '신군사저널(New Military Journal)'을 발간했다. 신군사저널은 두 차례의 기간으로 나누어 발간했는데, 제1기는 1788년부터 1793년까지 제7호까지 발간했고, 제2기는 1797년부터 1805년까지 하노버와 프로이센에 걸쳐 제13호까지 발간했다. 샤른호르스트는 제1기의 신군사저널을 통해 전통적인 군주가 상비군을 지휘하는 전쟁에 대해 다양한 논문을 소개했는데, 주로 프리드리히 2세나 빌헬름 백작의 사례를 소개했다. 그리고 제2기의 신군사저널에서는 1792년부터 본격화된 프랑스 혁명전쟁에서의 참전 경험을 주로 소개했다.

전쟁과 사회에 대한 샤른호르스트의 관점은 프랑스 혁명전쟁을 통해 급격히 변화하기 시작했다. 샤른호르스트는 프랑스 혁명전쟁 이전에는 전통적인 상비군의 모병, 규율, 훈련, 리더십의 효용성에 대해 의문을 제기하기는 했지만, 상비군의 전문성에 대해서는 믿음을 갖고 있었다. 특히 그는 프리드리히 2세가 수행했던 전투사례의 분석을 통해 주변 강국에 당당히 승리했던 프로이센의 전쟁사에서 나타난 상비군의 효율성이 보여준 장점에 상당 부분 공감했다. 하지만 그는 프랑스 혁명전쟁을 경험하면서 상비군보다는 국민의 자발적 참여를 바탕으로 한 국민군의 전투 효용성에 더 큰 가치를 두게 되었다. 샤른호르스트는 점차 군의 외형적인 요소보다는 구성원의 인식이 주는 내면적 요소가 더 중요하다고 생각했다. 그는 프랑스 혁명전쟁을 통해 기존에는 전쟁 수행 과정에서 고려하지 않았던 국민이라는 요소에 대해서 다시 생각하게 되었고, 전쟁 수행을 위한 국민의 지지와 동참이 중요하다는 사실을 인식하게 되었다. 따라서 그는 군주나 국가 지도부가 강압적인 권위로 국민에게 전쟁을 강요하는 것은 더 이상 유효하지 않다고 생각했고, 정치적 역량을 통해 국민을 전쟁 수행의 주체로 통합해야 한다고 생각했다.[11]

1792년 10월 19일, 샤른호르스트는 대위로 진급했다. 그가 대위로 진급하던 1792년에 그의 두 번째 저서이자 가장 대중적인 인기를 얻은 『전역용 간편 군사 교범(Military Pocket Book for Use on Campaign)』을 발간했다. 전역용 간편 군사 교범은 1794년까지 매년 개정되었는데, 이 책은 정찰이나 경계와 같은 독립작전을 수행하는 초급장교를 위한 전투 교범으로 크게 4부분으로 구성되었다. 제1부는 정찰, 경계, 행군, 순찰, 매복을 포함한 소규모 전투에서의 전술적 지침, 제2부는 포병 운용, 제3부는 요새 구축, 제4부는 요새 공방전이었다. 책의 모든 항목은 요도와 함께 역사적 사례도 제시함으로써 초급장교들이 쉽게 이해할 수 있도록 기술되었다. 그래서 전역용 간편 군사 교범은 독일어권을 넘어 유럽 전역으로 퍼져나가 널리 읽혔다.

전역용 간편 군사 교범은 1811년에는 'Military Field Pocket Book'이란 제목으로 영어 번역본이 출간되기도 했다. 특히 그는 책

---

11   Charles E. White, 앞의 책, pp. 118~122.

의 실용성을 함양하는 차원에서 다양하고 객관적인 군사용 데이터도 제시했다. 예를 들어 그는 유럽 주요 국가들이 사용하는 거리, 부피, 무게의 단위 명칭과 환산표를 일목요연한 도표로 제공하기도 했다. 또한, 포병장교 출신으로 주요 국가의 화포에 대한 제원을 도표로 정리하여 제시함으로써 초급장교들이 전시에 즉각적인 참고 자료로 활용할 수 있도록 심혈을 기울였다.[12] 훗날 샤른호르스트와 함께 프로이센의 군사혁신을 주도한 클라우제비츠(Carl von Clausewitz, 1780~1831)는 전역용 간편 군사 교범을 현실전쟁에 대해 기술한 최고의 저술로 간주했고, 이는 불후의 명저인 '전쟁론(Vom Kriege)'에 중요한 사상적 발단을 제공했다.

샤른호르스트가 1778년부터 프랑스 혁명전쟁에 참전하는 1793년까지 그는 연대학교와 포병학교를 거치며 주로 군사 교육자로 복무했다. 이 기간 동안 샤른호르스트는 비록 초급장교의 신분이었지만, 독서와 연구를 통해 자신의 군사 사상을 정립하는 시간을 갖게 되었다. 샤른호르스트는 빌헬름슈타인에서 교육받은 대로 군인은 도야를 통해 전쟁을 준비해야 한다고 믿었으며, 그것이 장교단에 가장 필요한 핵심 개념이라고 생각했다. 그의 이러한 인식에 동의하는 하노버군은 소수였지만, 이후의 삶을 통해 그는 자신의 사상적 유효성을 현실에서 입증했다. 그리고 이어지는 프랑스 혁명전쟁에서 샤른호르스트는 단순히 자신이 교육자나 사상가가 아닌 전투 현장에

---

12   Gerhard von Scharnhorst, *Military Field Pocket Book* (London, 1811), pp. table 6~19.

서의 전투지휘 역량을 갖춘 군인임을 증명했다.[13]

3. 프랑스 혁명전쟁 참전

1789년 7월에 시작된 프랑스혁명은 군주정과 공화정 사이의 정치적 혼란을 거치며 점차 공화정의 기반을 다져 갔다. 1792년은 프랑스혁명의 국내화 과정이 국제화 과정으로 도약하는 출발점이 되는 한 해였다. 프랑스 내부의 정치적 혼란이 점차 유럽 전역으로 확산하는 조짐을 보이자, 1792년 2월부터 주변 열강은 프랑스에 대항하기 위한 연대를 자연스럽게 형성했다. 이른바 제1차 대프랑스동맹이 형성된 것이다. 이후 대프랑스동맹은 총 7차례에 걸쳐 반복적으로 결성되었다. 대프랑스동맹의 세부 결성 현황은 〈표 1〉과 같다. 주변국의 반프랑스 연대 움직임을 감지한 프랑스 국민의회는 1792년 4월 20일, 신성로마제국의 종주국인 오스트리아에 선전포고했다. 프랑스 국민의회는 프랑스 혁명전쟁은 지금까지 발생한 대부분의 전쟁과 유사한 단기전으로 종결될 것이며, 혁명 정신으로 무장한 프랑스군이 궁극적으로는 승리할 것이라고 낙관했다. 하지만 프랑스 국민의회의 이상적인 결정은 나폴레옹의 등장과 함께 1815년까지 지속된 대프랑스동맹전쟁의 방아쇠를 당겼다.

---

13 Charles E. White, 위의 책, pp. 125~131.

〈표 1〉 대프랑스동맹의 결성 현황

구 분	기 간	핵 심 국 가
1	1792. 04~1797. 10	오스트리아, 영국, 프로이센, 스페인, 네덜란드
2	1798. 11~1802. 03	오스트리아, 영국, 러시아, 오스만
3	1805. 04~1806. 07	오스트리아, 영국, 러시아, 스웨덴
4	1806. 10~1807. 07	영국, 프로이센, 러시아, 스웨덴
5	1809. 04~1809. 10	오스트리아, 영국, 스페인
6	1813. 03~1814. 05	오스트리아, 영국, 프로이센, 러시아, 스웨덴
7	1815. 03~1815. 07	오스트리아, 영국, 프로이센, 러시아, 네덜란드

루이 16세(Louis XVI, 1754~93〈재위: 1774~92〉)의 생존이 위협받게 되자, 그동안 프랑스의 내부 상황을 관망하던 주변국들은 보다 적극적으로 개입하기 시작했다. 1792년 7월 25일, 오스트리아-프로이센 동맹군은 '브라운슈바이크 선언(Brunswick Manifesto)'을 발표했다. 동맹군은 브라운슈바이크 선언을 통해 프랑스 왕가의 안전보장을 요구했다. 그래서 그들은 만약 프랑스 왕가의 안전이 보장된다면 프랑스 국민을 위협하지 않겠지만, 프랑스 왕가가 해를 입는다면 파리를 봉쇄하고 불태워서 파괴하겠다고 공개적으로 경고했다. 하지만 동맹군의 이런 경고는 프랑스 국민의회의 입장을 변화시키지는 못했다.

프랑스의 대외정치적 상황이 급속도로 악화하자, 위기감을 느낀 프랑스의 루이 16세는 1791년 6월에 국외 탈출을 시도하다 체포되었다. 이후 루이 16세에 대한 국민적 반감이 극도로 증폭되어, 1792

년 9월 21일, 프랑스 국민공회는 군주제를 폐지하고 공화국을 선포했다. 이제 루이 16세는 군주가 아닌 프랑스의 일개 시민 신분으로 전락했다. 그리고 1793년 1월 21일, 루이 16세는 급진파가 주도한 재판 결과에 따라 사형에 처해졌다.

루이 16세가 처형된 직후인 1793년 2월, 프랑스가 영국과 네덜란드에도 선전포고했다. 이에 따라 영국의 조지 3세를 군주로 모시던 하노버는 1793년 3월부터 자연스럽게 영국과 함께 대프랑스동맹전쟁에 참전하게 되었다. 하노버군은 영국군의 보조군으로 참전했다. 하노버군이 참전을 결정하면서 샤른호르스트도 자연스럽게 포병학교 교관을 벗어나 현역 장교로서 대프랑스동맹전쟁에 참전하게 되었다.

샤른호르스트의 첫 전투는 1793년 5월 23일, 플랑드르(Flanders) 전역의 일부인 파마스 전투(Battle of Famars)였다. 조지 3세의 차남으로 요크 및 알바니 공작의 직분을 가진 프레드릭(Frederick Augustus, Duke of York and Albany, 1763~1827) 왕자가 지휘하는 영국-하노버-오스트리아 동맹군 5만 3,000명은 파마스 전투에서 라마르슈(François Joseph Drouot de Lamarche, 1733~1814) 장군이 지휘하는 2만 7,000명의 프랑스군을 격퇴시켰다. 이 전투에서 프랑스군은 3,000명의 사상자와 300명의 포로가 발생했으나, 동맹군은 1,100명의 사상자만 발생했다. 샤른호르스트도 하노버군의 포병장교로서 참전했으나, 대위 계급이었던 그는 전투에서의 역할은 분명치 않았다.

샤른호르스트의 전장 리더십은 1793년 9월 6일부터 8일까지 발

루이 16세는 프랑스혁명의 근본적인 본질을 이해하지 못한 가운데, 임기응변으로 혁명정부에 대응하려 했다. 하지만 혁명정부는 민심을 수습하기 위해 루이 16세를 포함한 기득권 세력에 대해 급진적인 조치를 강행했다. 그 결과 탈출 시도가 발각되어 체포된 루이 16세는 1791년 1월, 단두대에서 군중이 보는 가운데 참수형에 처해졌다. 성난 민중에 의해 무참하게 군주가 처형되는 사태는 주변 군주제 국가의 대프랑스동맹 형성에 동력을 제공했다.

[사진 출처: Wikimedia Commons/Public Domain]

생한 옹드쇼트 전투(Battle of Hondschoote)에서 주목받기 시작했다. 프랑스 북부 사령관인 우샤르(Jean Nicolas Houchard, 1739~93) 장군이 지휘하는 4만 2,600명의 프랑스군은 프레드릭 왕자가 지휘하는 1만 3,000명의 영국-하노버 동맹군에 승리를 거두었다. 프랑스군은 1,000명의 손실만 입었지만, 동맹군은 전사 226명, 부상 1,144명, 실종 961명의 피해가 발생했다.[14] 특히 샤른호르스트는 옹드쇼트 전투에서 임시로 기마포병대를 지휘하여 영국-하노버 동맹군의 후방 철수를 효과적으로 지원했다. 당시 이 광경을 목격했던 하노버군의 후방사령관이었던 햄머슈타인(Rudolf von Hammerstein, 1735~1811) 소장은 기마포병대를 지휘한 샤른호르스트의 리더십을 칭찬했다.

옹드쇼트 전투에서 기마포병대의 중요성을 인식한 하노버군은 즉각적인 기마포병대의 증편을 추진했다. 이에 따라 샤른호르스트는 정식으로 기마포병대장 보직을 부여받기를 희망했다. 예나 지금이나 군인의 진급에 있어 지휘관 보직 이수는 핵심적인 요소였다. 하지만 옹드쇼트 전투에서의 활약에도 불구하고, 그의 공적은 인정되지 않았다. 당시는 철저한 신분제 사회여서 전투부대인 보병부대의 지휘관 보직은 귀족 출신의 장교에게 우선 할당되었다. 그리고 전투지원부대로서 상대적으로 귀족 출신보다는 평민 출신의 장교

---

14 Michael Clodfelter, *Warfare and Armed Conflicts: A Statistical Encyclopedia of Casualty and Other Figures, 1492 - 2015* (Jefferson: McFarland & Company, 2017), p. 97.

비중이 높은 포병이나 공병부대 지휘관은 특권을 가진 부유한 평민 출신 장교에게 돌아갔다.

영국과 공동 군주를 모시는 하노버는 신성로마제국 중에서도 가장 권위적인 국가로서 가난한 평민 출신의 샤른호르스트에게는 지휘관의 기회가 주어지지 않았다. 샤른호르스트가 포병학교의 교관으로서 제국 전체에 군사 사상가이자 교육자로서 명성을 드높이고, 옹드쇼트 전투에서 뛰어난 공을 세웠음에도 불구하고 근본적인 신분의 한계는 극복하기 어려운 장벽이었다. 대부분의 하노버군 장교들은 전투에서의 공적이나 군사 전문성보다는 세습 신분이나 군 고위층과의 친분관계에 의해서 진급과 보직이 결정되었다.

샤른호르스트는 하노버군이 대프랑스동맹전쟁이 참가한 1793년 전투에서의 실패 경험을 바탕으로 하노버군의 전반적인 지휘체계를 강화하기 위해 전문참모단의 확대를 건의했다. 그는 과거 프리드리히 2세가 수행한 7년 전쟁의 지휘사례를 연구하여 프리드리히 2세가 효과적인 전투지휘를 위해 선별된 장교들을 그의 참모진으로 활용하여 성과를 거둔 사실에 주목했다. 샤른호르스트는 하노버군 총사령부의 주요 직위자 중 한 명인 발모덴-김보른(Johann Ludwig von Wallmoden-Gimborn, 1736~1811) 백작에게 정찰이나 경계작전 같은 전술적 영역뿐만 아니라 작전적 영역에서도 전문참모단이 필요하다는 것을 건의했다.[15] 그는 직속 상관인 트레브 소장[16]보다는 발모덴-김보른 백작이 좀 더 유연한 사고를 하고 있다고 판단하여 자신의 분석적 건의안을 발모덴-김보른 백작에게 보고했다. 이는 발모덴-김보른 백작에게 샤른호르스트의 존재를 확실히 각인시키는 계기가 되었다.

1794년 3월, 샤른호르스트는 마침내 메닌(Menin) 요새 수비 사령관인 햄머슈타인 소장 예하의 기마포병대장으로 임명되었다. 이는 옹드쇼트 전투에서 샤른호르스트의 전투 리더십을 유심히 본 햄머슈타인 소장의 추천으로 가능한 일이었다. 햄머슈타인 소장의 요새 수비 부대에서 그는 단순히 기마포병대장의 역할만 수행한 것은 아니었다. 샤른호르스트는 햄머슈타인 소장의 배려로 그의 실질적인 참모장 역할도 수행했다. 그는 최근의 전투 경험과 그동안의 군사적 고찰을 바탕으로 지휘부의 전문참모단을 강화시켰다. 그리고 햄머슈타인 소장의 사령부에서 운영한 전문참모단은 샤른호르스트가 훗날 프로이센에서 추진했던 장군참모(General Staff) 제도의 기본 개념을 제공했다.

1794년 4월 말, 모로(Jean Victor Marie Moreau, 1763~1813) 소장이 지휘하는 1만 4,000명의 프랑스군은 2,400명의 햄머슈타인 소장이

---

15 Charles E. White, 앞의 책, pp. 163~176.

16 트레브 대령은 1789년에 소장으로 진급했고, 1798년에는 중장까지 진급했다. 당시 신성로마제국 내의 독일계 국가에는 현재의 준장 계급이 존재하지 않았다. 그래서 대령 상위의 장군 계급은 소장이었다.

지휘하는 메닌 요새 수비군을 포위했다. 그리고 4월 27일 야간에 프랑스군이 포격과 함께 기습 공격하자, 하노버군은 고립된 요새 수비군을 지원하기 위해 외부에서 포위망 돌파를 위한 연결 작전을 시도했다. 그러나 하노버군의 연결 작전이 번번이 실패함에 따라 식량과 물이 고갈된 요새는 함락에 직면했다. 이때 햄머슈타인 소장의 참모장 역할을 하던 샤른호르스트는 항복 대신에 남은 전력을 적의 포위망이 취약한 지점에 집중해 야간을 틈탄 후방공격을 감행할 것을 건의했다. 햄머슈타인 소장은 샤른호르스트의 건의에 따라 대검을 착검한 상태로 프랑스군이 방심한 야간에 기습적인 후방공격을 단행했고, 결과적으로 5월 1일 새벽에 후방으로의 철수에 성공했다.[17]

샤른호르스트는 옹드쇼트 전투와 메닌 요새 철수 작전에서의 눈부신 활약에도 불구하고, 하노버군 지휘부에서는 여전히 그의 공적을 인정하지 않았다. 하지만 샤른호르스트의 진가를 알아본 햄머슈타인 소장은 이에 분개했고, 기회 있을 때마다 지휘부에 샤른호르스트의 군사적 재능을 언급했다. 이런 햄머슈타인 소장의 노력에 힘입어 1794년 6월 27일, 마침내 샤른호르스트는 소령으로 진급했다. 그리고 소령 진급과 동시에 하노버군의 정예장교들이 근무하는 장군병참참모부(Quartermaster General Staff)의 잠정적인 제2부관으로 임명되었다. 샤른호르스트가 완전히 하노버군의 핵심부로 진입한 것은 아니었지만, 적어도 핵심지휘부의 면면을 관찰하고 경험할 수

17   Charles E. White, 위의 책, pp. 185~186.

있는 기회를 갖게 된 것만은 분명한 사실이었다.

초급장교 생활의 대부분을 교관으로 연구와 집필에 집중했던 샤른호르스트에게 1793년 5월 이후의 참전 경험은 전쟁에 대한 새로운 시각을 갖게 만들었다. 그는 개념적으로만 인식했던 국민군의 존재를 전장에서 경험한 이후, 향후에는 국민군이 실질적인 전쟁의 주체가 될 것이라는 사실을 명백하게 인식하게 되었다. 그리고 샤른호르스트는 국민군에 의한 전쟁은 필연적으로 기존의 상비군과는 달리 전쟁의 규모를 확대시킬 것이고, 이러한 전쟁 양상의 변화에 따라 군주의 전쟁지도도 변해야 한다고 생각했다. 즉 30여 년 전의 7년 전쟁 당시에는 병력 규모가 상대적으로 작아서 프리드리히 2세 단독으로도 전투지휘가 가능했지만, 이제는 더 이상 그런 방식의 전쟁 수행은 불가능하다는 사실을 인식한 것이다. 샤른호르스트는 지금이야말로 그동안 그가 여러 차례 건의해 온 전문적인 장군참모가 필요하다고 생각했다. 그는 심지어 지휘체계나 부대 훈련도가 부족하더라도 훌륭한 장군참모만 보유한다면 전쟁에서 승리할 수 있을 것으로 생각했다.

샤른호르스트는 빌헬름슈타인에서의 교육 기간 동안 계몽주의를 접하면서, 민주주의적 가치에도 공감했다. 그는 국가안보를 위한 국민의 자발적 동참을 유도하기 위해서는 입법을 통한 국민의 기본권 보장이 필요하다고 생각했다. 하지만 그는 실용주의적 현실주의자로서 프랑스와 같이 현재의 군주제나 신분제의 폐지와 같은 급진적인 정책을 주장하지는 않았다. 따라서 그는 제국 내의 독일계 국가들이 처한 정치적 현실을 인정하면서도 시대가 요구하는 프랑스 혁명이념을 독일 사회에 접목할 수 있는 합리적인 방안을 고민했다.

샤른호르스트는 혁명을 통해 군주를 교체하거나, 기존 귀족세력을 타파하기보다는 현재의 군사제도가 가진 문제점을 개선하고자 했다. 그는 전시에 군주가 직접 전투를 지휘하거나 능력이 검증되지 않은 귀족 출신의 장교를 총사령관으로 임명하더라도 이를 보좌할 유능한 장군참모부가 존재한다면, 이러한 제도적 단점을 극복할 수 있을 것으로 생각했다. 그래서 샤른호르스트는 하노버군에 혁신적인 장군참모 제도 도입을 주장했다. 물론 하노버군에도 참모조직이 존재했지만, 현재의 참모조직은 샤른호르스트가 생각하는 그 정도의 전문성 있는 조직이 아니었다. 당시의 참모조직은 지휘관을 보좌한다기보다는 단순한 심부름을 수행하는 보좌관과 같은 조직이었다. 따라서 그들은 지휘관의 전투지휘에 전문적인 식견을 가진 참모로서 개입할 여지가 없었다. 지휘관들도 전투지휘는 지휘관의 고유영역으로 인식해서 결정권을 포기하거나 양보하려 하지 않았다.

샤른호르스트는 프랑스 혁명전쟁의 참전 경험을 바탕으로 장군참모부의 세부 운용에 대한 개념을 정립해 나갔다. 그는 장군참모부는 총참모장과 4~5명의 고급보좌관, 총참모장 직속의 참모장교로 구성할 것을 제안했다. 그리고 총참모장의 고급보좌관은 전쟁 수행을 위한 군수 및 행정 지원, 제대별 통신 유지를 담당해야 한다고 생각했다. 그는 총사령관은 반드시 총참모장의 검토 이후에 작전명령을 하달해야 하고, 총참모장은 총사령관에게 보고되는 모든 보고서를 사전에 검토해야 한다고 생각했다. 샤른호르스트는 심지어 장군참모부의 수장인 총참모장이 동의하지 않은 어떤 형태의 보고서나 지침도 허용되면 안 된다고 강력하게 주장했다.

샤른호르스트는 군 지도부에 존재하는 장군참모부가 예하 부대에도 부대 수준에 맞는 장군참모부를 편성하여 지휘관의 참모장 역할을 해야 한다고 주장했다. 물론 그는 제대별 지휘관은 총참모장의 권위가 존중받듯이 해당 참모장의 권위를 반드시 존중해야 한다고 강조했다. 특히 무능력한 야전부대 지휘관의 독단 지휘에 의해 무고한 병사들의 희생을 경험한 샤른호르스트는 지휘부 못지않게 일선 부대에서의 장군참모부 운용도 강조했다. 그리고 그는 지휘부의 장군참모부와 야전부대의 장군참모부 요원의 주기적인 순환 근무를 통해 작전 현장에 대한 이해도를 증진시키고, 나아가 다양한 제대에서의 근무 경험을 통해 핵심참모인 장군참모장교들의 유연한 사고 능력을 보장해야 한다고 주장했다. [18]

샤른호르스트는 현재의 하노버군이 편성해 운용하는 참모단의 역할에 대해서는 불만을 토로했다. 그는 장군참모부로의 전환을 위해 더 많은 인원의 증원을 요구했고, 장군참모부 내에 작전지역의 지도를 제작해 제공하는 지도부의 설립을 건의했다. 샤른호르스트는 포병학교 교관 시절이던 1783년에 이미 다양한 전장을 답사하

18   Charles E. White, "Setting the Record Straight: Scharnhorst and the Origins of the Nineteenth-Century Prussian General Staff" War in History, Vol. 28, No. 1(January, 2021), pp. 30~33.

며 전쟁 지휘를 위한 지리적인 안목이 얼마나 중요한지를 몸소 체험했다. 그래서 그는 그동안 아무도 강조하지 않던 지도부의 설립을 주장했다. 그는 군사지도에는 작전지역의 다양한 군사기지, 방어체계, 보급창고 위치, 기동로 등이 표시되어야 한다고 생각했다. 따라서 샤른호르스트는 이런 군사지도 제작을 위해 공병을 포함한 다양한 기능직 민간 요원의 추가 편성을 강조했다. 그는 다양한 전장 정보를 담은 군사지도를 통해 지휘관이 전장을 시각화할 수 있어야 한다고 주장했다.[19] 하지만 이러한 군사지도를 효율적으로 활용한 인물은 곧이어 등장할 나폴레옹이었다.

샤른호르스트는 하노버군의 장군병참참모장교로 선발된 이후, 지속적으로 보다 전문화된 상설 장군참모부의 창설을 건의하는 보고서를 제출했다. 그는 우수하고 책임감이 투철한 장교로 구성된 군지도부 내의 장군참모부 편성과 동시에 수준별 야전부대의 장군참모부 편성도 건의했다. 샤른호르스트는 장군참모장교들이 작전계획 수립이나 부대 배치를 검토하여 지휘관이 올바른 결심을 내릴 수 있도록 보좌해야 한다고 생각했다. 그리고 이런 재능있는 장군참모를 발탁하여 활용한다면, 기존의 혈연과 신분에 기반을 둔 인적자원의 관리체계를 변화시킬 수 있을 것으로 생각했다. 그는 소수의 기득권 세력이 군 인사를 좌우하는 일을 막고자 했다. 샤른호르스트는 프랑스 혁명군이 지휘능력에 입각하여 장교단을 편성하는 것을 목격하

---

19   Charles E. White, 앞의 책, pp. 206~208.

고는 이것이 하노버군에도 변화의 계기가 될 수 있을 것으로 판단했다.

샤른호르스트는 하노버군 장교단의 주류가 출신 성분만 중시하는 귀족보다는 적어도 군사교육을 통해 장교로서 요구되는 지휘역량의 함양을 중시하는 귀족들이 차지하기를 희망했다. 그리고 그는 가능하다면 군의 주요 직위가 소수 귀족에 국한되는 것이 아니라 능력 있는 모든 계층에 개방되어야 한다고 생각했다. 또한, 장교단의 교육에 있어 도야의 개념을 적용하고자 했다. 샤른호르스트는 장교단의 도야가 단순한 육체적 훈련과 지식 교육에 머무르는 것이 아니라 교육을 통해 전쟁 전반을 헤아릴 수 있는 통찰력과 지혜를 갖추어야 한다고 생각했다. 특히 그는 군사사에 대한 성찰과 이해 없이 개인의 경험에 의존하는 것보다 더 위험한 것은 없다는 인식 아래 지속적인 교육을 통해 장교단의 군사적 역량을 강화시켜야 한다고 강조했다.

프랑스혁명이 가져온 근대적 이념이 전쟁술에 미친 영향은 지대했다. 샤른호르스트도 전장에서 직접 경험했다. 어떤 관점에서 보면 오합지졸에 불과한 프랑스군이 주변 유럽 열강의 상비군보다 강한 전투력을 발휘한 것은 국민군이 군주의 이익이 아닌 자신의 이익을 위해 참전했기 때문이라고 샤른호르스트는 생각했다. 특히 능력 위주로 발탁된 프랑스군 장교들은 자발적으로 참전한 병사들의 사기를 고취시킴으로써 전장에서의 주도권과 독립적인 작전 수행이 가능했다. 이러한 프랑스 혁명군의 전쟁 수행 동기는 우발상황에서도 비교적 유연하게 적응했고, 그러한 유연성은 군주제 체제하의 상비군과 교전하는 전장에서의 승리에 결정적으로 기여했다.[20]

하노버군을 비롯해 대부분 유럽 국가들의 상비군은 강제징병이나 용병으로 구성되었다. 따라서 군주는 자국의 상비군에 대해 근본적인 불신을 갖고 있었고, 상비군 또한 승리를 장담할 수 없는 혼란스러운 전장 상황에서는 종종 너무나 쉽게 공포심으로 붕괴하였다. 따라서 군주는 무장한 상비군에 엄격한 규율을 적용하여 강력하게 통제하려 했고, 이러한 역할은 군주가 신뢰하는 귀족으로 구성된 장교단이었다. 귀족 계층은 군주의 통치권을 존속시키는 핵심 지지 세력으로 상호 이해관계에 따라 장교단에 부여되는 특권은 군주가 신뢰하는 소수 귀족의 전유물이 되었다.

샤른호르스트는 대프랑스동맹전쟁의 참전 경험을 바탕으로 전투지휘의 중심인 장교단의 무능함을 여러 차례 지적했다. 그는 무능한 지휘관의 오판으로 병사들이 전장에서 헛되이 희생되는 사례를 여러 차례 목격하며, 장교의 지휘능력 강화를 위한 지속적인 교육의 중요성을 강조했다. 샤른호르스트는 장교와 부사관을 위한 교육프로그램 수립과 병사들을 위한 실전적인 야전훈련의 중요성도 강조했다. 특히 그가 우려했던 것은 무능한 귀족들이 군의 고위층에 오르는 경우였다. 실제 많은 왕족이나 귀족의 자녀들이 제대로 된 능력 검증 없이 군의 고위 지휘관이 되는 경우가 많았다. 출생 신분이

20   Charles E. White, 앞의 책, pp. 263~270.

부여한 특권으로 군의 고위층을 쉽게 장악한 무능한 왕족이나 귀족들의 전장 지휘로 희생되는 인원은 대부분 무명의 병사들이었다. 고위 지휘관은 포로가 되더라도 적당한 몸값이나 외교적 교섭에 따라 쉽게 석방되었다. 하지만 병사들은 전장에서 무자비하게 살상당하는 경우가 비일비재했고, 설령 포로의 신분이 되더라도 무사히 본국으로 귀국할 가능성은 매우 희박했다.

18세기에 신성로마제국에 속했던 독일계 국가들의 전형적인 귀족들은 가문의 부를 존속시키기 위해 특정한 경우가 아니라면 장자에게 대부분의 재산을 상속했다. 그리고 나머지 자녀들은 제대로 된 교육의 기회도 갖지 못한 채, 가문의 냉대 속에 불행한 삶을 살아야 했다. 따라서 귀족들에게 할당된 장교단의 입단 기회는 통상 뛰어난 장자가 아닌 가문에서 소외된 자녀에게 주어졌다. 일단 장교로 임관된 귀족은 특별한 경우가 아니라면 어느 정도의 진급이 보장되었고, 국가에서 지급하는 월급으로 기본적인 생활이 가능했기에 가문의 도움 없이도 독립적인 생계유지가 가능했다. 따라서 귀족 출신 장교들은 쉽게 현실에 안주했고, 일반적으로 나태한 복무 태도를 보였다. 특히 이런 장교들이 군의 고위직에 오를 경우, 군에 미치는 전반적인 영향은 매우 컸다. 샤른호르스트도 이런 현실을 잘 알고 있었지만, 실용주의적인 현실주의자 입장에서 이런 현실을 근본적으로 변화시키려 한 것은 아니었다. 그는 이런 폐해를 최소화하기 위해 적어도 하노버군 장교단의 문호를 개방하여 장교단 내의 활력을 가져오고자 했다. 또한, 샤른호르스트는 소수의 정예장교로 구성된 장군참모를 통해 무능한 지휘관이 최악의 선택을 하지 않도록 보좌하며, 부사관이나 병사들에게 실전적인 교육프로그램을 도입함으로써 현실적인 관점에서 전투력 향상을 위한 제도 개선책을 찾고자 했다.

샤른호르스트는 하노버군 장교단의 교육 수준 향상을 위해 장교 후보생은 일정 기간 동안 현역병으로 복무한 후에 실전 기술과 군사 지식을 포함한 종합평가를 시행하여 통과한 인원만 임관시킬 것을 건의했다. 그리고 그는 이러한 제도와 병행하여 세습적 신분을 지닌 귀족이나 경제적 특권을 보유한 평민이 자신의 노력과 무관하게 관례에 따라 군 고위직으로 진급하는 것을 중단할 것도 건의했다. 샤른호르스트는 인간이란 존재는 자신의 노력 없이 거저 주어지는 것은 소중히 여기지 않는 본성을 지니고 있으므로 귀족이라는 세습 신분에 대한 특권적 우대를 중단할 때가 되었다고 주장했다. 그는 모든 장교는 출생 신분에 상관없이 이론과 실무지식을 포함한 직무능력을 입증함으로써 자신의 능력에 맞는 계급을 쟁취해야 한다고 주장했다. 샤른호르스트는 프랑스 혁명전쟁의 결과가 자신의 이러한 주장을 입증하고 있다며, 장교단 운영 전반에 대한 제도 개선을 군 지도부에 지속적으로 건의했다.

샤른호르스트는 자신의 급진적인 주장이 다른 하노버군 장교들에게 어떻게 인식되는지 잘 알고 있었다. 그는 예상한 바와 같이 하노버군 장교단의 전면적인 비난과 거부에 직면해야 했다. 하지만 하노버군에서 탁월한 군사적 공적을 입증받아 군 내에서 명망을 갖춘 샤른호르스트의 주장에 약간의 지지 세력도 등장했다. 하노버군 내에서 샤른호르스트를 지지하는 소수의 혁신적인 장교들이 공개적으로 샤른호르스트의 주장에 동조하지는 못해도, 그의 논리적인 주장은 적어도 장교 교육과정에서의 평가 필요성과 같은 분야에 있어서는 보편적인 공감대를 조금씩 형성하고 있었다.

샤른호르스트는 장교 못지않게 전투에서 장교와 병사 간의 매개체 역할을 하는 부사관의 역할에 대해서도 중요성을 강조했다. 당시의 부사관들은 병사들과 실질적인 병영 생활을 같이했기에 병사들의 고충을 잘 알고 있었고, 병사들도 권위적인 장교들의 지시에는 반감을 가져도 부사관들의 지시에는 비교적 순응했다. 하지만 이런 부사관조차도 지휘관과의 개인적인 친분관계나 기타 비전투적인 고려요소를 통해 임관이 결정되는 것이 일상화되어 있었다. 샤른호르스트는 이런 문제점을 해결하기 위해 우수한 선임병들을 대상으로 연대장급 지휘관이 주관하는 주기적인 평가를 실시하고, 성적이 우수한 인원을 부사관 임관 후보생으로 관리해야 한다고 주장했다. 결론적으로 그는 장교와 같이 부사관도 공정한 평가를 통해 실무능력이 검증된 인원만 임관시켜야 한다고 주장했다.

샤른호르스트는 병사들의 운용에 대해서도 많은 고민을 했다. 특히 그는 그동안 하노버군을 비롯한 독일계 국가 안에서 보편화된 병사에 대한 체벌을 금지할 것을 주장했다. 그는 군기 유지라는 명목으로 그동안 일상적으로 자행된 다양한 형태의 체벌이 일시적으로는 몰라도 장기적으로는 전투력 향상에 그리 도움이 되지 않는다는 사실을 잘 알고 있었다. 특히 당시에 일상적으로 횡행하던 공개적인 체벌은 개인의 명예와 자존심을 손상시킴으로써 엄격한 규율 유지라는 긍정적 효과보다는 병사의 사기 저하라는 부정적 효과가 더 컸다. 그리고 궁극적인 병사들의 사기는 전투의 승패에 결정적인 영향을 미침에 따라 샤른호르스트는 예외적인 경우가 아닌 이상 병사들에 대한 공개적인 체벌 금지를 주장했다. 그는 장교는 단순히 부대를 지휘하는 것뿐 아니라 부하들의 능력을 발전시킴으로써 그들이 우수한 부사관과 장교로 성장할 수 있도록 여건을 조성하는 것 또한 장교의 책무라고 생각했다. 그는 장차 부사관과 장교가 될 수도 있는 후보군인 병사들을 비인격적으로 대우하는 것은 절대 하노버군의 발전에 도움이 되지 않을 것으로 생각했다.

샤른호르스트는 부사관과 병사에 대한 교육뿐만 아니라 그들의 현실적인 경제적 여건 향상에도 관심을 기울였다. 그는 부사관과 병사에 대한 월급 인상과 특권 부여로 안정적인 장기 자원의 확보도 추구했다. 그는 향후 우수한 병사 중에서 부사관을 선발하고, 우수한 부사관 중에서 장교 후보생을 선발하는 인력획득 체계의 도입을 고려하여, 병사는 부사관의 역할을 대신할 수 있고, 부사관은 장교의 역할을 대신할 수 있어야 한다고 강조했다.[21] 샤른호르스트의 이런 인력획득 체계에 대한 인식은 훗날 나폴레옹에게 패배한 이후 프로이센의 비밀 재군비와 제1차 세계대전 패전 이후 독일군의 비밀 재군비에도 많은 영감을 제공했다.

---

21   Charles E. White, 앞의 책, pp. 272~274.

1795년 6월, 샤른호르스트는 발모덴-김보른 백작과 함께 하노버 군 사령부가 있는 디폴츠(Diepholz)를 방문했다. 그리고 그는 연락장 교로서 디폴츠에 인접한 오스나브뤼크(Osnabrück)에 있는 프로이센 군 사령부도 자주 방문했다. 샤른호르스트는 발모덴-김보른 백작과 하노버 전국을 시찰하여 파악한 전투부대 위치와 군수지원시설 및 능력을 바탕으로 장군병참참모로서 발모덴-김보른 백작의 작전명 령 수립을 보좌했다. 그리고 발모덴-김보른 백작 부재 시에는 백작 의 위임을 받아 그가 생각한 장군참모 제도의 개념을 적용하여 사령 관의 직함으로 선제적인 명령을 하달하기도 했다. 샤른호르스트의 이러한 경험은 그가 후일 프로이센군으로 이적한 이후, 프로이센군 의 장군참모를 제도화하는 과정에도 그대로 반영되었다.

샤른호르스트는 프로이센군 사령부에서 많은 프로이센군 장교 들과 교류했다. 그중에서도 샤른호르스트와 같이 혁신적인 인식을 공유한 대표적인 인물은 슈타인(Heinrich Friedrich Karl vom und zum Stein, 1757~1831) 남작이었다. 샤른호르스트는 슈타인과 많은 면에 서 생각이 일치했다. 그들은 계몽주의의 영향을 받은 근대적인 민군 관계나 사회의 효율성 증대를 위한 자유의 제도적인 증진 등에 대해 서 공감했다. 샤른호르스트가 하노버군의 연락장교로서 프로이센군 지휘부의 주요 인사와 다양한 교류를 이어간 것은 후일 그의 경력에 중요한 역할을 했다.

샤른호르스트는 하노버군 소속이었지만, 같은 독일계 국가인 프 로이센에 호감이 있었다. 그는 유년 시절에 프로이센의 프리드리히

슈타인 남작은 프로이센의 내각 장관으로 프로이센군으로 이적한 샤른호르스트의 군사
혁신을 정부 차원에서 적극 지원했다. 그는 계몽주의자로서 프로이센의 사회혁신을 추
진하다 1808년 12월, 나폴레옹에 의해 공직에서 강제 추방되었다. 하지만 슈타인 남작
은 나폴레옹의 감시망을 피해 망명자 신분으로 프로이센의 해방전쟁을 적극적으로 지
원했다.

[사진 출처: Wikimedia Commons/Public Domain]

2세와 함께 전쟁에 참전했던 하노버 출신의 퇴역병들로부터 많은 전쟁담을 들었고, 프로이센의 왕위계승 전쟁이나 7년 전쟁에 대해서도 연구를 통해 많은 군사적 영감을 얻기도 했기 때문이었다. 샤른호르스트는 과거부터 동경해 왔던 프로이센군 고위급 장교들과의 교류를 통해 프로이센에 대한 관심이 더욱 증가했다. 그는 자신의 과거 연구 결과에 기반을 두고 실제 프로이센군 지도부를 접한 결과, 우수한 군사조직과 전통을 보유한 프로이센군만이 프랑스 혁명군에 대항할 수 있을 것으로 판단했다.

발모덴-김보른 백작은 샤른호르스트가 건의한 장군참모 제도 건의안에 기본적으로는 공감했다. 그리고 그는 오랜 기간 샤른호르스트를 지켜보며 그의 임무 수행 능력에 대해서 깊은 인상을 받았다. 그래서 발모덴-김보른 백작은 조지 3세에게 건의하여 하노버군의 장군병참참모부에서 그의 지위를 올려 줄 것을 건의했다. 1796년 11월 11일, 마침내 발모덴-김보른 백작의 요청에 따라 샤른호르스트는 하노버군 장군병참참모부의 정식 참모 요원으로 발탁되었다. 따라서 샤른호르스트는 더 이상 야전부대의 포병장교가 아닌 하노버군 지휘부의 정식 핵심 참모장교로서의 군 경력을 시작하게 되었다.

샤른호르스트의 군사적 역량에 대한 명망은 이미 독일계 국가 사이에 소문이 자자했다. 특히 1795년 6월 이후, 샤른호르스트가 하노버군의 연락장교 신분으로 프로이센군 사령부로의 주기적인 파견 업무를 수행하면서 프로이센군의 지도부도 그를 눈여겨보게 되었다. 샤른호르스트의 군사적 잠재력에 가장 주목한 인물은 브라운슈바이크(Braunschweig) 공작의 직분을 가진 페르디난트(Karl Wilhelm Ferdinand, 1735~1806)였다. 브라운슈바이크 공작은 샤른호르스트가 프로이센군에 반드시 필요한 인재라고 생각하여 국왕인 프리드리히 빌헬름 2세(Friedrich Wilhelm II, 1744~97〈재위: 1786~1797〉)에게 그를 프로이센군으로 이적시킬 것을 건의했다.

1797년 1월 7일, 프리드리히 빌헬름 2세는 샤른호르스트의 프로이센군 영입을 결정했다. 국왕의 승인에 따라 브라운슈바이크 공작은 사령부 근무를 통해 샤른호르스트와 친분이 있던 자신의 참모장 르코크(Karl Ludwig von Lecoq, 1754~1829) 중령에게 그의 이적을 협상하라고 지시했다. 프로이센군은 샤른호르스트의 계급은 하노버군과 같은 포병 소령의 신분을 유지하되, 연봉 인상을 이적 조건으로 제안했다. 르코크 중령은 1월 안에 샤른호르스트가 답할 것을 요청했다.

하노버군에 대한 충성과 의무 사이에서 고민하던 샤른호르스트는 2월 1일, 프로이센군의 이적 제안을 거절했다. 그는 아직은 자신의 모국이자 오랜 기간 복무했던 하노버군에서 자신의 군사혁신 구상을 구현하여 성공하고 싶은 강렬한 열망을 품고 있었다. 그리고 프로이센의 이적 조건도 그의 기대에 충분하지는 못했다. 샤른호르스트에 대한 프로이센군의 은밀한 이적 제안을 인지한 하노버군도 그의 능력만큼은 인정했기에 그를 하노버군에 잔류시키기 위해 처우를 개선했다. 마침내 1797년 8월 1일, 조지 3세는 하노버군의 요청에 따라 샤른호르스트를 중령으로 진급시키고, 그의 연봉도 인상

브라운슈바이크 공작은 프로이센의 전형적인 핵심 귀족 관료로서 프로이센의 전성기를 가져온 프리드리히 2세와 함께 전쟁을 수행했다는 이유로 고위급 핵심 지휘관에 여러 차례 발탁되었다. 특히 그는 1806년 10월, 71세의 고령에도 불구하고 나폴레옹 전쟁 당시 프로이센군의 총사령관으로 출전했다. 결국, 우유부단한 전쟁 지휘로 프로이센군의 대패를 자초함은 물론, 전투 간에 입은 중상으로 사망함으로써 프로이센군의 조기 붕괴에 결정적인 원인을 제공했다.

[사진 출처: Wikimedia Commons/Public Domain]

했다. 이에 따라 샤른호르스트도 일단은 하노버군의 후속 조치에 만족했고, 프로이센군으로의 이적을 단념했다.[22]

　하노버군에 잔류하기로 결심한 샤른호르스트는 1797년에 프랑스 혁명전쟁의 참전 경험을 신군사저널을 통해 발표했다. 그는 '프랑스 혁명전쟁 당시 프랑스군에 주어진 행운의 기원(The Origins of the Good Fortune of the French in the Revolutionary War)'이라는 논문을 통해 프랑스군의 승리를 가져온 전술적 변화에 대해서 상세히 설명했다. 첫째, 샤른호르스트는 프랑스 국민군으로 편성된 척후병의 기민한 자유 사격은 동맹군의 경직된 선형전술에 치명적인 피해를 입히며 전술적 우위를 보였다고 주장했다. 둘째, 샤른호르스트는 전쟁에서의 정치·사회적 요소인 국가의 총동원 능력 차이를 언급하며, 프랑스군과 동맹군의 차이를 분석했다. 프랑스군은 시민의 자발적 참여로 구성된 국민군으로 부대 사기도 남달랐으며, 승리를 위한 명확한 목표 의식도 가졌으나 동맹국의 국민들은 전쟁에 무관심했다는 사실을 지적했다. 셋째, 샤른호르스트는 프랑스군의 군사교육과 조직의 효율성에서 동맹군을 압도했다고 주장했다. 특히 프랑스군은 능력에 따른 진급으로 병사도 전투지휘 능력만 입증되면 장군까지 승진할 수 있는 구조였으나, 동맹군은 개인의 능력보다는 철저한 사회적 신분에 입각한 장교 임관과 진급으로 장교단의 질적 차이가 명확했음을 강조했다. 샤른호르스트는 프랑스군을 분석한 이 논문

22　Charles E. White, 앞의 책, pp. 298~314.

신성로마제국의 하노버와 프로이센 영역(1796)

을 통해 하노버군의 부사관을 포함한 장교 임관체계 개선과 전문적
인 군사교육 시행, 시험에 의한 진급 추진, 제병협동 능력 강화를 위
한 사단 편제 도입, 장군참모의 제도화 등 하노버군의 전반적인 제
도 개선을 위한 다양한 혁신적 구상을 제안했다.[23]

하노버군에 대한 충성심으로 프로이센군으로의 이적을 단념한
샤른호르스트는 장군병참참모부의 일원으로 오랫동안 자신이 구상
한 장교단과 장군병참참모부의 개편을 추진했다. 하지만 영국과 결
탁한 보수파가 권력의 중심부를 장악한 하노버군에서 일반 평민 출
신인 샤른호르스트가 할 수 있는 일은 거의 없었다. 하노버군의 주
류인 보수파 입장에서 샤른호르스트는 한 명의 똑똑한 평민 출신 장
교 중의 하나일 뿐이었다. 일부 온건파인 햄머슈타인 장군이나 발
모덴-김보른 백작 같은 이들이 샤른호르스트의 의견에 공감했지만,
그들만으로 하노버군의 혁신을 끌어낼 수는 없었다. 결국, 견고한
신분제 사회의 한계에 절망한 샤른호르스트는 1800년이 되자 다시
프로이센군으로의 이적을 고민하게 되었다.

하노버군에서 아무리 노력해 본들, 하노버군은 더 이상 자신의
주장을 받아들이지 않을 것이라고 결론 내린 샤른호르스트는 1800
년 여름부터 본격적인 프로이센군으로의 이적을 다시 추진했다. 다
행히 샤른호르스트와 운명적인 만남이 예정된 프로이센의 새로운
국왕 프리드리히 빌헬름 3세(Friedrich Wilhelm III, 1770~1840〈재위:

---

23   Michael Schoy, 앞의 글, p. 9.

1797~1840〉)는 샤른호르스트에게 우호적이었다. 취임 직후 프로이센군의 발전을 위한 새로운 인재를 갈망하던 그는 샤른호르스트가 하노버군에 복무하면서 보여주었던 군사적 성과와 하노버군의 발전을 위한 노력에 공감을 표했다.

1800년 10월 5일, 샤른호르스트는 전에 자신의 이적을 협상했던 르코크 중령에게 편지를 발송했다. 샤른호르스트는 프로이센군에 이적을 위한 4가지의 조건을 제시했다. 첫째, 프로이센군의 근대화를 추진할 수 있는 적임자라는 그의 전문성을 인정해달라는 것이었고, 둘째, 포병장교로서 베를린(Berlin)에서 근무하게 해 달라는 것이었다. 사실 샤른호르스트는 하노버군 복무 당시 프랑스 혁명전쟁 참전으로 오랜 기간 가족과 떨어져 지내야 했는데, 이에 대해 가족에게 미안한 감정을 갖고 있었다. 따라서 프로이센군에서의 복무 기간 동안 만큼은 가족과 함께 생활하고 싶어 했다. 셋째, 그는 가장으로서 어린 시절에 사망한 셋째 딸 소피를 제외한 4명이나 되는 자녀를 양육하기 위해 연봉 인상을 포함한 재정 지원을 요청했다. 사실 하노버군에서의 월급은 박봉이라서 샤른호르스트는 늘 경제적 어려움에 직면해야 했다. 때때로 하노버군은 그의 월급 지급을 일정 기간 유예하거나, 약속된 금액보다 적은 금액을 지급함으로써 그는 정상적인 월급 지급을 종종 상급자들에게 호소하곤 했다. 넷째, 샤른호르스트는 자신이 하노버군에서의 군사적 성과에도 불구하고 주류에 편입되지 못한 것은 자신의 세습 신분의 탓이라 생각했다. 특히 그는 하노버군에서 자신이 군사적 성과에도 불구하고, 냉대받은

프리드리히 빌헬름 3세는 프로이센의 5대 국왕으로서 전형적인 절대군주제에 심취한 우유부단한 군주였다. 그는 격동의 시대인 프랑스 혁명기에 프로이센 국왕으로 즉위했으나, 과거에 안주한 가운데 주변의 변화에 둔감했다. 그는 나폴레옹을 애송이 취급하며 전쟁에 돌입함으로써 국토의 절반을 상실한 무능력한 군주였다. 하지만 패전 이후, 프리드리히 빌헬름 3세는 샤른호르스트와 같은 혁신파들을 등용함으로써 프로이센의 군사 혁신 추진을 통해 군사 강국의 기초를 마련했다.

[사진 출처: Wikimedia Commons/Public Domain]

이유가 귀족 신분이 아니라는 사실을 뼈저리게 느꼈다. 그래서 그는 자신의 살아오면서 직면해야 했던 매 순간의 고통과 현실적 한계를 자녀들에게만큼은 더 이상 물려주고 싶지 않았다. 그런 이유로 샤른호르스트는 자신의 가문에 프로이센의 귀족 작위를 하사할 것을 마지막으로 요청했다.

누구보다 가족을 사랑했던 샤른호르스트는 자신이 사망할 경우, 남겨질 가족들을 위해 프로이센 국가 차원의 연금 지급을 요청했다. 프로이센은 샤른호르스트의 이적 조건으로 하노버군이 지급하던 연봉보다 월등히 많은 3,500 제국탈러(Reichsthaler)의 연봉을 제시했고, 샤른호르스트의 사후에도 가족에게 1,000 제국탈러를 매년 연금으로 지급하기로 약속했다. 또한, 프로이센은 샤른호르스트 부부가 모두 사망할 경우, 그의 자녀들이 25세에 도달할 때까지 매년 500 제국탈러를 지급하는 것도 약속했다. 프로이센이 샤른호르스트의 제안에 긍정적인 답변을 하자, 1800년 10월 25일, 샤른호르스트는 공식적인 이적 신청서를 프리드리히 빌헬름 3세에게 제출했다. 그리고 샤른호르스트는 1800년 12월 30일, 하노버군에 면직 신청서를 제출하고, 1801년 5월 12일에 프로이센군 장교로 이적했다.[24] 드디어 샤른호르스트는 프로이센군의 장교로서 자신의 구상을 펼칠 새로운 기회를 얻게 된 것이다.

---

24   Charles E. White, 앞의 책, pp. 370~376.

IV

프로이센군 이적과 전성기: 1801~1813

1. 프로이센군으로의 이적

샤른호르스트는 하노버군 재직 당시 프랑스 혁명전쟁에서의 전공과 다양한 군사 저술로 인한 군사 전문성을 인정받아 프로이센군으로의 이적이 가능했다. 하지만 프로이센군 내에서도 샤른호르스트는 여전히 비주류였다. 프로이센군의 대다수 장교들은 그를 군사학자, 우유부단하고 비현실적인 군사 저술가, 개혁가 등의 다양한 관점으로 인식했다. 기대와는 달리 샤른호르스트는 프로이센군 내에서도 주류의 호감을 얻지는 못했다.[1]

프로이센군으로 이적한 샤른호르스트는 지휘부의 승인을 얻어 자유롭게 군사 문제 전반에 대한 발표와 토론이 가능한 공간을 만들고자 했다. 그래서 그는 1801년 7월, 프로이센의 군사혁신을 논할

---

1   Michael Schoy, 앞의 글, p. 11

수 있는 토론의 공간으로 베를린에 '군사협회(Military Society)'라는 조직을 만들었다. 프로이센군의 수뇌부는 샤른호르스트의 제안에 승인은 했으나, 만약의 경우를 위해 보수파의 일원인 뤼헬(Ernst von Rüchel, 1754~1823) 중장이 군사협회의 대표를 맡도록 하여 군사협회의 활동을 통제권 안에 두려 했다. 비록 공식적인 조직의 회장은 보수파의 장군이었지만, 군사협회를 실질적으로 주도하는 인물은 주창자인 샤른호르스트였다. 프로이센군의 보수파가 의도했던 바와는 다르게 프로이센군에서 영향력 있는 뤼헬 중장이 군사협회의 대표를 맡음으로써 프로이센군 내에서의 군사협회의 명성이나 토론의 파급효과는 더욱 증가했다.

19세기 초반의 베를린은 인구가 200만 명에 달하는 유럽의 대도시로 다양한 조직과 활동이 활성화된 역동적인 도시였다. 샤른호르스트는 고위급 군인을 포함해 당대의 뛰어난 지성인들이 활동 중인 베를린에서의 군사협회가 장교들에게 전쟁술이나 군사 현안에 대한 연구를 장려함으로써 프로이센군의 혁신을 촉진하는 수단이 될 수 있으리라고 생각했다. 그는 군사협회 내에서 경쟁적인 논문 발표와 이에 대한 자유로운 토론을 유도함으로써 프로이센의 군사혁신에 대한 담론을 구성해 나갔다. 물론 샤른호르스트 본인도 적극적으로 논문을 발표하고, 토론에 참여했다. 그는 이미 하노버군에서 복무하는 동안 많은 군사 저널을 발간하고, 다양한 저서를 집필한 경험이 있었기에 군사협회에서 논의할 만한 많은 혁신적인 구상을 제시할 수 있었다. 샤른호르스트가 주도했던 군사협회의 주된 토의 주제는 주로 프로이센군의 군사훈련과 리더십을 포괄하는 군사혁신이었다.

프로이센군의 혁신을 위한 군사협회의 연구 대상은 주로 프랑스 혁명군이었다. 수많은 논문 발표와 토론을 통해 군사협회의 회원들은 프랑스군의 주축인 국민군의 의미를 조금씩 이해하기 시작했다. 그리고 그들은 프랑스군의 성격과 전술 변화에 따라 프로이센군도 전술적인 변화를 추구해야 한다고 생각했다. 특히 프랑스군 보병들의 기민하고 자율적인 전투대형 적용은 경직된 프로이센군 보병의 전투대형에 비해 많은 장점을 보유하고 있었다. 그래서 군사협회 회원들은 프로이센군도 엄격하게 통제된 전투대형을 고집하기보다는 자유 기동이 가능한 경보병부대로 개편해야 한다는 사실에 공감대를 형성했다. 하지만 소총으로 무장한 병사들을 신뢰할 수 없었던 귀족 출신의 프로이센군 고위급 장교단은 이를 거부했다. 그들은 통제되지 않는 병사들은 언제든지 프랑스 혁명군에 가담하거나 무장 반란을 일으킬 수 있다고 판단했기 때문에 병사들에게 조금이라도 전술적 융통성을 부여하는 것에 대해서는 단호하게 반대했다. 루이 16세의 처형은 그들에게 좋은 사례였다.

샤른호르스트는 군사협회에서 프로이센군의 전투대형보다 먼저 변화가 필요한 부분은 신분제에 기반을 둔 견고한 지휘구조라고 주장했다. 특히 융커(*Junker*)[2]라고 불리던 토지 기반의 전통적인 프로

---

2 융커의 원래 의미는 지배층의 젊은 자제를 칭했으나, 점차 엘베(Elbe)강 동쪽에 위치한 동

이센의 귀족 계층은 장교단에서의 특권적 지위가 자신들의 사회적 지위를 견고하게 지켜주는 시스템의 일부라고 인식했다. 따라서 그들은 평민들이 교육을 통해 자신들의 영역에 접근하는 것을 거부했다. 융커들은 가문의 서열에 따라 군의 진급이 결정되는 것을 당연시 여겼고, 이런 관점에서 귀족들의 특권을 제한해야 한다는 샤른호르스트의 혁신적인 주장은 그들은 불쾌하게 만들었다.

샤른호르스트는 기본적으로 장교의 지휘능력은 타고나는 것이 아니라 교육을 통해서 형성되는 것이기 때문에 교육을 통해 스스로 판단하고 결정할 수 있는 장교단과 병사들을 육성하는 것이 새로운 시대에 맞는 군의 모습이라고 생각했다. 그는 이런 관점에서 장교는 도야의 과정을 통해 지속적으로 리더십을 함양시켜 나가야 한다고 생각했다. 또한, 샤른호르스트는 나폴레옹이 예하 부대의 독립적인 전투 수행을 승인하되, 결과의 책임을 묻는 전투지휘의 자율성 보장

프로이센의 토지 귀족세력을 의미하는 용어로 바뀌었다. 융커들은 프로이센의 건국 과정에 기여한 공로를 인정받아 국왕과의 합의를 통해 신분적 특권을 보장받았다. 융커들은 자신들이 소유한 영지 내에서 농민에 대한 절대적인 행정권과 사법권을 보장받았다. 이에 따라 융커들은 농민에 대한 노동 강제권을 통해 영지에 소속된 농민들에게 주 2~6일까지 노동을 강제할 수 있었고, 영지에 속한 농민들은 실질적으로는 농노와 같은 신분이었다. 특히 융커들은 자신의 영지에 대한 면세권을 획득하고, 융커 소유 영지에 대한 평민들의 구매 자체를 금지시킴으로써 자신들의 사회적 지위를 확고히 유지했다. 농민들의 신분적 제약은 1807년 10월 9일, 프로이센의 국가적 혁신 운동의 일환으로 공표된 국왕의 '10월 칙령(Oktoberedikt)'에 의해서 비로소 조금씩 개선되기 시작했다. 박상섭, 『근대국가와 전쟁: 근대국가의 군사적 기초, 1500~1900』 (서울: 나남출판, 1996), pp. 165~167., p. 209.; 조만제, 『독일 근대 형성사 연구: 프로이센의 발흥 · 소멸 · 잔영』 (부산: 경성대학교 출판부, 2002), pp. 268~271., p. 454.

이 프랑스군의 장점임을 인식하고, 그들의 장점을 프로이센군에 도입해야 한다고 강조했다. 샤른호르스트는 비록 프로이센군의 지휘부는 부대의 자유 기동을 위협으로 인식하여 허락하지 않았지만, 적에 대한 공격의 중심을 공략하기 위해서는 광범위한 영역에서의 신속한 기동이 불가피함을 지속적으로 강조했다.[3]

샤른호르스트가 주도한 군사협회는 매주 수요일 오후에 모임을 개최했는데, 당시로서는 전도유망한 장교들과 민간인들이 모두 포함된 지적 공동체로서의 역할을 했다. 군사협회에는 8명의 왕자와 4명의 민간인도 회원으로 활동했는데, 민간 회원 중에는 샤른호르스트와 안면이 있던 프로이센의 재정 담당 내각 장관(Staatsminister)인 슈타인도 포함되어 있었다. 장교 회원들은 대부분 중위나 대위 같은 초급장교들이 주를 이루었다. 그리고 초급장교 중에 상당수는 샤른호르스트가 감독관으로 있던 베를린 군사학교 출신으로 훗날 많은 인원이 샤른호르스트가 주도하는 장군참모장교로 발탁되었다.

군사협회의 회원은 최대 200명까지 확대되었다.[4] 그리고 군사협회는 1805년 해체될 때까지 프로이센군의 많은 정예장교들을 배출했는데, 샤른호르스트 사후 통일 독일제국이 건국되는 1871년까지 8명의 총참모장 중에 5명이 군사협회 회원이었고, 독일제국의 원수

---

3 Jonathan R. White, 앞의 책, pp. 197~199.

4 Christopher Clark, 『강철 왕국 프로이센(Iron Kingdom: The Rise and Downfall of Prussia 1600-1947)』, (서울: 마티, 2020), p. 382.

10명 중에 7명을 배출하기도 했다. 그 외에도 많은 장교 출신 회원들이 프로이센군의 중책을 맡아 나폴레옹 전쟁에서의 패전 이후 프로이센군의 재건 과정에서 핵심적인 역할을 담당했다.[5] 샤른호르스트가 프로이센군으로 이적한 이후 처음으로 본격적으로 추진했던 군사협회는 프로이센군의 혁신파 인재들을 규합하고, 확산시켜 나가는 산실과 같은 역할을 했다.

프로이센군으로 이적한 샤른호르스트는 군사협회를 통해 친분을 쌓게 된 혁신파 장교들과 친밀한 관계를 유지해 나갔다. 그리고 그는 혁신파 장교들과 프로이센의 사회구조뿐만 아니라 군대구조에서도 혁신의 필요성을 공유해 나갔다. 그는 군사혁신을 위해 보다 근본적인 정치혁신도 필요하다고 인식했으나, 프로이센의 사회적 전통을 고려할 때 정치구조 측면의 일대 혁신은 현실적으로 어렵다는 사실도 인식하고 있었다. 샤른호르스트는 정치구조 혁신을 위해서는 그 근간에 민주적 가치를 도입해야 한다고 생각했지만, 프로이센의 현실을 고려할 때, 이를 섣불리 도입하려 하다가는 보수파의 반발로 시도도 하지 못하고 좌절될 것이 분명하다는 사실도 잘 이해하고 있었다. 그래서 그는 점진적이고 단계적인 접근방법을 구상하고 추진했다.

샤른호르스트는 군사협회에서 열띤 논쟁을 벌이던 프로이센군의

---

5   Charles E. White, "Scharnhorst and Showalter: A Tale of Two Enlightened Scholars" War in History, Vol. 29, No. 1 (January, 2022), pp. 12~15.

경보병화와는 별도로 프로이센군의 실질적인 전력 증강을 위한 혁신안을 추진하려 했다. 그래서 그는 본인이 직접 프로이센군의 군사학교를 관할하여 미래 프로이센군의 핵심이 될 정예장교를 양성할 수 있게 해 달라고 지휘부에 건의했다. 또한, 그는 대규모화된 전쟁 지휘를 위해 지휘관을 보좌할 장군참모의 창설도 건의했다. 샤른호르스트는 프로이센의 군사적 전통을 고려할 때, 프랑스와 같은 독립적인 군단 편제로의 전환은 불가능할 것으로 판단해 군단별로 개별적인 장군참모부가 필요하다고 생각했다.

샤른호르스트는 자신의 군사혁신 안에 대해 많은 보수파 세력이 반대하고 있다는 사실을 잘 알고 있었다. 하지만 그는 아직은 상대적으로 권력의 우위에 있는 보수파와 불필요한 논쟁을 벌이지는 않았다. 오히려 그는 보수파가 반발할수록 장교단의 교육에 집중함으로써 미래 군사혁신의 동력을 육성하기 위해 노력했다. 그는 공식적인 군 조직보다는 자신이 주도하는 군사협회를 통해 다양한 논문을 발표하고, 토론을 통해 자신의 군사혁신 개념을 프로이센군의 혁신파와 공유했다. 또한, 샤른호르스트는 하노버군에서와 같이 활발한 저술 활동을 통해 지리적인 제한으로 군사협회에 참가하지 못하는 일선 장교들에게 자기 생각을 알렸다.[6]

1801년 9월 5일, 샤른호르스트의 요청에 따라 프리드리히 빌헬름 3세는 그를 게우사우(Levin von Geusau, 1734~1808) 중장이 관할

---

6   Jonathan R. White, 앞의 책, pp. 200~201.

하는 베를린 군사학교의 감독관으로 임명했다. 베를린 군사학교는 프리드리히 2세가 1779년에 초급장교들의 교육을 위해 설립한 6개의 군사학교 중 하나였다. 하지만 프리드리히 2세가 장교단의 체계적인 교육에 관심을 가진 것은 아니어서, 프로이센 군사학교들의 교육과정을 통해 장교들의 군사 전문성을 향상하기에는 부족한 면이 많았다. 그러나 샤른호르스트는 과거 하노버군에서의 교관 경력을 살려 프로이센의 군사학교에서의 장교단에 대한 교육혁신을 통해 점진적인 프로이센의 군사혁신을 추진하고자 했다.

샤른호르스트는 베를린 군사학교의 감독관으로 임명된 지 한 달 만에 초급장교들을 위한 베를린 군사학교를 보다 전문적인 고등군사교육기관으로 전환하기 위한 종합계획을 보고했다. 그는 새로운 군사학교의 정원은 전문적인 심화 교육이 가능한 40명으로 한정하고, 9월 1일에 학기를 시작하는 3년의 교육과정으로 군사이론과 군사 실무를 포괄하는 종합적인 고등교육을 위한 군사학교를 만들고자 했다. 이를 위해 그는 베를린 인근의 포츠담(Potsdam)에 위치한 포병학교에서 기초군사교육과 포병에 대한 위탁 교육도 받도록 했다.

샤른호르스트는 새로운 군사학교의 교육은 주로 오전에 학과 수업을 진행하고, 오후에는 보충수업과 체육활동을 하도록 반영했다. 프리드리히 빌헬름 3세도 샤른호르스트의 군사교육에 대한 적극적인 혁신 의지에 동감하며, 교육을 위해 궁전의 일부 공간을 제공하겠다는 의사도 표명했다. 샤른호르스트도 이미 베를린 군사학교의 감독관이자 교관으로서 전략, 전술, 군사사를 교육했으며 추가로 본인이 구상하고 있는 장군참모에 요구되는 여러 참모 임무 수행에 대해서도 교육을 담당했다. 그리고 그는 전폭적인 군사교육 혁신을 위해 교관단을 현재의 3배로 증원해 줄 것도 요청했다.[7] 샤른호르스트가 베를린 군사학교의 감독관이자 교관으로서 가장 우수하게 평가한 교육생은 클라우제비츠와 그롤만(Karl Wilhelm Georg von Grolman, 1777~1843)이었다. 베를린 군사학교에서 인연을 맺은 두 사람은 훗날 샤른호르스트와 함께 프로이센의 군사혁신을 주도할 핵심 세력이 되었다.

샤른호르스트가 베를린 군사학교의 감독관으로 근무하던 1802년 1월, 군사협회의 회원이던 마센바흐(Christian von Massenbach, 1758~1827) 대령이 프로이센군의 전통적인 장군병참참모부 개편안을 국왕에게 제출했다. 프로이센군의 장군병참참모부에 대한 제도적인 기본 골격은 프리드리히 2세 시절에 갖추어졌다. 프리드리히 2세는 본인이 부서의 수장으로서 장군병참참모를 전시에 보좌관으로 활용했다. 당시 장군병참참모부는 10여 명 내외의 탄력적인 규모로 구성된 한시적 성격을 갖춘 조직이었다. 하지만 프리드리히 2세 사후에도 장군병참참모부는 국왕 직속의 보좌조직으로 유지되었으나, 그들의 역할은 단순히 국왕의 개인비서 성격에 가까웠다. 장군병참참모부는 시간이 지남에 따라 병참이 의미하는 군수 업무를 넘어 작전적 기능까지 업무 영역이 확대되었으나, 그들의 존재

---

7   Charles E. White, 앞의 글, pp. 15~16.

자체가 프로이센군 전체 운영에 영향을 미칠 정도로 영향력 있는 조직은 아니었다.

마센바흐의 개편안은 크게 4가지 요소로 구성되어 있었다. 첫째, 그는 장군참모부의 상설 설치를 건의했다. 그동안 프로이센군에 유지되던 장군병참참모부는 주로 전시에 활용하던 조직이었다. 평시의 장군병참참모부는 형식적으로만 존재했다. 따라서 장군병참참모부는 한시 조직과 같은 성격을 갖고 있었다. 하지만 마센바흐는 장군참모부가 평시부터 군사계획 전반에 관여하는 핵심부서로서의 역할을 해야 한다고 생각했다. 그래서 그는 장군참모부가 프로이센의 지정학적인 상황을 고려하여 주변의 가상 적국인 오스트리아, 프랑스, 러시아를 집중적으로 분석하는 전담 조직을 설립하고, 국가별로 우발계획을 입안해야 한다고 주장했다.

둘째, 마센바흐는 장군참모들의 정례적인 전장 답사를 건의했다. 이는 향후 전장이 될 가능성이 높은 지역을 사전에 직접 답사하여 전시 작전계획 수립에 참고하도록 하기 위함이었다. 답사지역은 단순히 국내로만 한정하는 것이 아니라 주변국 영역도 포함되었다. 이러한 전장 답사는 과거 샤른호르스트가 하노버군에서 포병학교 교관으로 재직 시절, 프로이센의 과거 전장을 답사한 결과를 자신의 신군사저널에 발표함으로써 그 유효성을 강조한 것에 영향을 받은 것이었다.

셋째, 마센바흐는 지휘관과 참모의 주기적인 보직 교체를 건의했다. 이는 통상 지휘관은 지휘관 보직만 계속 수행하고, 참모 역시 참모 보직만 계속 수행함으로써 자신의 직책에 따른 한정된 시각만 갖게 되는 것을 방지하려는 의도였다. 그리고 주기적인 보직 교체를 통한 다양한 경험의 축적으로 초급장교들을 고급인재로 발전시키기 위한 조치였다. 이러한 장교단의 주기적인 순환근무제도는 훗날 샤른호르스트가 장군참모부에 접목하여 운영되었고, 장군참모들이 고착된 시각을 탈피하는 데에 많은 도움이 되었다.

넷째, 마센바흐는 국왕에 대한 장군참모부장의 독대권을 건의했다. 당시 프로이센의 국왕은 공식적인 정부 행정기관과는 별도로 국왕 주변에 원로 중심의 고문단을 운영해 실질적인 주요 정책을 결정했다. 또한, 국왕에 대한 독대권을 고문단이 통제해 정부 관료나 군 지휘부가 개별적으로 국왕에 보고할 수 있는 기회 자체가 거의 없었다. 특히 군사 문제에는 군 원로들의 개입이 더욱 심했다. 장군참모 제도 자체에 부정적 인식을 갖고 있던 원로들로부터 장군참모부가 독립하기 위해서는 장군참모부장의 독대권 확보가 반드시 필요했다.[8]

마센바흐의 개편안을 보고 받은 프리드리히 빌헬름 3세는 장군참모 제도의 핵심에 대해서 인식하지 못한 채 군 원로들의 의견을 요구했다. 마센바흐도 개별적으로 군 원로들에게 자신의 개편안을 설명하고 이해와 동의를 구했으나, 호헨로헤(Hohenlohe) 공작인 프리

8 장형익, "독일 군사 사상과 제도가 일본 육군의 근대화에 미친 영향," 『군사연구』 제137집, 2014. 6, pp. 432~433.

드리히(Friedrich Ludwig, 1746~1818)만 동의할 뿐 기타 군 원로들은 마센바흐의 의견에 반대했다. 군 원로들은 장군참모가 자신들의 기득권에 영향을 미칠 것을 크게 우려했다. 특히 그들은 국가의 주요 의사결정 과정에서 자신들이 배제됨으로써 권위를 침해당할 것을 꺼렸다. 군 원로들의 대표 격인 묄렌도르프(Wichard von Möllendorff, 1724~1816) 원수는 주변국에 대한 전쟁계획을 수립할 경우, 군에 의한 경솔한 행동의 우발적인 실행 가능성을 우려했다. 또 다른 원로인 자스트로브(Friedrich Wilhelm Christian von Zastrow, 1752~1830) 장군은 체계적인 교육을 통한 장군참모 양성 자체에 적대감을 표출했다.[9] 그러나 마센바흐는 자신이 논리적으로 설명하면 군 원로들도 결국은 자신의 개편안에 동의할 것이라는 다소 순진한 생각을 하고 있었다.[10]

샤른호르스트는 장군참모 제도가 근대전 수행의 핵심이라고 생각했다. 그는 〈표 2〉에 보는 바와 같이 과거와 달리 점차 병력의 규모가 급증하는 근대전에서는 한 명의 지휘관이 모든 국면을 지휘할 수는 없을 것으로 생각했다. 따라서 그는 변화된 전쟁 양상에 대응하기 위해서는 장군참모 제도가 핵심이라고 생각했다. 보수파들은

---

9 당시 프로이센군 원로들의 지배적인 생각은 고급 지휘관으로서의 자질은 타고나는 것이지 교육을 통해 육성되는 것이 아니라고 생각했다. Walter Görlitz, *History of The German General Staff, 1657-1945* (New York: Praeger, 1956), p. 21.

10 Charles E. White, "Setting the Record Straight: Scharnhorst and the Origins of the Nineteenth-Century Prussian General Staff" War in History, Vol. 28, No. 1(January, 2021), pp. 35~38.

샤른호르스트의 생각에 동의하지 않았지만, 국왕은 점차 샤른호르스트의 주장에 마음이 동하기 시작했다.

〈표 2〉 17~18세기 유럽 주요 국가들의 상비군 규모[11]

단위: 명(연도)

구 분	오스트리아	프로이센	프랑스	러시아	영국	스페인
17세기 후반	50,000 (1690)	30,000 (1688)	338,000 (1690)	200,000 (1680)	80,000 (1690)	–
18세기 초반	100,000 (1705)	40,000 (1713)	400,000 (1703)	220,000 (1710)	139,000 (1710)	40,000 (1703)
18세기 중반	202,000 (1760)	260,000 (1760)	280,000 (1760)	314,000 (1756)	93,000 (1756)	56,000 (1759)
18세기 후반	312,000 (1786)	194,000 (1786)	800,000 (1794)	300,000 (1796)	100,000 (1783)	140,000 (1803)

장군참모 제도에 대한 개편논의가 한창이던 1802년 12월 14일, 샤른호르스트는 프리드리히 빌헬름 3세로부터 귀족 작위를 받았다. 이를 통해 샤른호르스트는 신분의 제약 없이 자신의 군사적 성과에 대한 재평가를 받을 수 있게 되었다. 그리고 그는 프로이센군 지도부로의 정식 편입에 한 걸음 더 나아갈 수 있게 되었다. 하지만 프로이센군의 이적과 귀족 신분으로의 편입이 가져다주는 기쁨을 채 누리기도 전인 1803년 2월 12일, 18년간 그와 고락을 같이 한 아내 클라라 슈말츠가 사망하고 말았다. 샤른호르스트의 신분적 한계로

---

11   Mark. Hewitson, 앞의 글, p. 464.

인해 그가 하노버군에서 복무하는 내내 지속된 어려운 경제 여건 속에서도 묵묵히 가정 살림을 꾸려주었던 아내의 죽음은 샤른호르스트에게 큰 충격을 주었다. 특히 그가 프로이센군으로 이적하여 귀족 작위도 받고, 경제 여건도 개선된 지금, 그 결실을 채 누리지도 못하고 떠난 아내에게 샤른호르스트는 늘 미안한 마음을 가졌다. 하지만 샤른호르스트는 슬픔에 빠져 있을 수만은 없었다. 샤른호르스트는 아내를 대신하여 집안 살림을 둘째이자 큰 딸인 클라라에게 맡길 수밖에 없었다. 비록 클라라는 15살의 어린 나이였지만, 아내 슈말츠의 빈자리를 잘 메꾸었고, 샤른호르스트는 누구보다도 클라라를 사랑하고 아꼈다.[12] 그래서 그는 바쁜 와중에도 클라라에게 자주 편지를 쓰며 자녀 중에 가장 큰 애정을 표현하곤 했다.

아내의 죽음을 슬퍼할 겨를도 없이 샤른호르스트는 마센바흐와 함께 장군참모부 개편에 집중해야 했다. 1803년 11월 26일, 마침내 프리드리히 빌헬름 3세는 군 원로들의 반대에도 불구하고 마센바흐의 개편안을 승인했다. 프리드리히 빌헬름 3세가 개편안 전부를 승인한 것은 아니었지만, 장군참모부로의 개편에 있어 출발점을 제공했다는 점에서 국왕의 승인은 의미 있는 사건이었다. 프리드리히 빌

---

12 클라라는 1809년 결혼하여 집안을 떠날 때까지 아내 슈말츠의 빈 자리를 대체했다. 클라라를 아낀 샤른호르스트는 프로이센군에서 명망 있는 가문의 장교인 도나-쉴로비텐 (Friedrich Karl Emil Graf zu Dohna-Schlobitten, 1784~1859) 백작에게 클라라를 시집보냈다. 샤른호르스트가 딸 클라라의 남편이자 사위로 선택한 도나-쉴로비텐 백작은 후에 프로이센군의 원수까지 승진했다.

헬름 3세의 개편 지침이 기존 장군병참참모부를 새로운 정식 장군참모부로 개편하도록 명시하지는 않았지만, 개편안에는 샤른호르스트가 하노버군 재직시절 발모덴-김보른 백작에게 건의한 내용의 대부분이 포함되었다.

마셴바흐는 이미 군사 저술가로 유명한 샤른호르스트의 논문을 읽고, 장군참모에 대한 그의 구상을 자신의 개편안에 반영했다. 하지만 마셴바흐는 샤른호르스트가 하노버군에서의 복무 당시에 주장한 장군참모의 본질을 완전히 이해하지는 못했다. 그는 장군참모를 전쟁지휘기구의 효율적인 수단으로 활용하고자 하는 인식만 갖고 있었다. 마셴바흐는 샤른호르스트와 같이 변화된 전쟁 양상에 대응하기 위한 효율적인 수단으로 장군참모를 프로이센군의 정예 장교단으로 활용한다는 체계적인 인식은 없었다.[13]

1804년 1월 1일, 프리드리히 빌헬름 3세는 게우사우 중장을 장군참모부장[14]으로 임명하여 개편 작업을 추진하도록 했다. 그리고 1월 20일, 게우사우는 장군참모부 예하에 담당 권역에 따른 3개의 여단을 신설했다. 당시 장군참모부는 부장을 제외한 21명의 장교로 구성되었는데, 공교롭게도 샤른호르스트를 제외하고는 모두 귀족 출

---

13 Charles E. White, 앞의 글, pp. 40~42.

14 프로이센군 내에서 장군참모부의 명칭은 오랫동안 기존 명칭인 장군병참참모부와 혼용되어 왔다. 부서 명칭이 장군참모부로 공식 정립된 것은 1817년 2월, 그롤만 소장이 장군참모부장으로 재직하던 시기였다. 황수현, "프로이센군의 장군참모 제도화 과정 고찰" 『군사연구』 제156집, 2023. 12, p. 203.

신 장교였다. 물론 당시에는 샤른호르스트도 이미 귀족 작위를 받아 귀족 신분이었다. 각 여단의 기본 임무는 담당 권역에 대한 정보를 수집하여 유사시 예상되는 전쟁계획을 수립하는 것이었다. 또한, 각 여단은 전쟁계획의 효용성을 높이기 위해 담당 권역에 대한 관련 문헌을 바탕으로 전쟁과 관련된 모든 사안을 분석하고 연구했다. 제1여단장인 풀(Karl Ludwig von Phull, 1757~1826) 대령은 러시아를 대상으로 하는 동부지역을, 제2여단장인 마센바흐 대령은 오스트리아를 대상으로 하는 중부지역을, 제3여단장인 샤른호르스트 중령은 프랑스를 대상으로 하는 서부지역의 책임자가 되었다. 2월 15일, 개편된 장군참모부의 첫 번째 장군참모 선발 시험에는 39명의 장교들이 응시했고, 이를 통해 장군참모부의 개편 작업이 본격화되었다.[15] 그리고 3월 26일, 제3여단장에 보직된 샤른호르스트는 다른 여단장들과의 형평성을 고려해 동일한 계급인 대령으로 진급했다.

1804년부터 본격화된 장군참모부의 개편 작업은 1805년이 되면서 다양한 방면으로 혁신을 확산시켰다. 1805년에 프로이센군에 사단과 군단이 편성되면서 군단급까지 장군참모를 참모장으로 배치했다. 하지만 지휘관들은 생소한 장군참모를 어떻게 활용해야 하는지에 대해서 몰랐고, 때로는 귀찮아하며 그들을 무시하기까지 했다. 또 어떤 지휘관들은 고도로 전문화되고 숙련된 장군참모들에게 부

---

15 Christian E. O. Millotat, 『독일군 장군참모 제도(*Das preußisch-deutsche Generalstabssystem*)』, (서울: 화랑대연구소, 2004), pp. 47~48.

대의 단순 과업만을 부여하기도 했다. 지휘관들의 비효율적인 장군참모 운용으로 샤른호르스트의 의도와는 달리 프로이센군의 혁신은 더디게 진행되었다.[16]

샤른호르스트에 의한 장군참모부의 개편 작업이 한창이던 1805년부터 프로이센에 전쟁의 먹구름이 몰려오기 시작했다. 프로이센은 제1차 대프랑스동맹전쟁이 한창이던 1795년 4월 5일, 동맹국인 오스트리아와 사전 협의 없이 프랑스와 바젤 조약(Peace of Basel)을 체결함으로써 동맹에서 이탈했다. 당시 프로이센은 3차례에 걸친 폴란드 분할을 통해 확장된 영토[17]에 대한 행정체계 구축에 집중하느라 프랑스에 대한 전쟁을 지속할 경제적 여유가 없었다. 이후 오스트리아의 요청에도 불구하고 프로이센은 유럽 문제에 중립을 고수하며, 나폴레옹 전쟁의 직접적인 화마에서 벗어나 있었다. 하지만 1805년이 되면서 상황이 조금씩 변하기 시작했다. 프로이센이 신성로마제국의 종주국인 오스트리아의 지원 요청을 무시한 대가를 혹독하게 치러야 할 운명의 시간은 점점 다가오고 있었다.

프랑스 역사상 최고의 군사적 천재인 나폴레옹과 맞서야 할 운명

---

16 Jonathan R. White, 앞의 책, pp. 203~204.

17 프리드리히 빌헬름 2세는 1793년과 1797년에 걸쳐 러시아, 오스트리아와 폴란드를 분할 점령함으로써 프로이센은 기존 영토보다 30%나 추가되어 전체 면적이 300,000*km²* 이상으로 확대되었으며, 이에 따라 인구도 550만 명에서 870만 명으로 증가했다. 하지만 폴란드의 소멸로 프로이센은 동부의 강국인 러시아와 국경을 직접 맞대어야 했는데, 기존의 폴란드 영토였던 동부 국경 지역은 평야 지대로 방어에는 불리한 지형이었다. Christopher Clark, 앞의 책, pp. 405~407.

의 주인공인 프로이센의 프리드리히 빌헬름 3세는 군주로서의 자신감이 결여된 우유부단한 인물이었다. 프랑스 혁명전쟁이 본격화되던 1797년 11월에 프로이센의 국왕으로 취임한 프리드리히 빌헬름 3세는 혁명이나 전쟁에 대한 경험과 이해가 부족한 군주였다. 국가 운영에 대한 자신감이 부족한 그는 측근의 원로 귀족들에 주로 의존했다. 권력 유지를 위한 원로 귀족들의 지지를 중요하게 생각한 프리드리히 빌헬름 3세는 원로들의 입장에 따라 결정을 자주 번복했다. 특히 프로이센을 신흥강국의 반열로 올려놓은 프리드리히 2세와 전쟁을 같이했던 원로들에 둘러싸인 프리드리히 빌헬름 3세는 혜성같이 등장한 나폴레옹을 무시했다. 하지만 그의 더 큰 실책은 프로이센군의 군사적 능력을 과대평가했다는 사실이었다.

혁신파의 일원으로 내각 장관을 수행하던 슈타인은 국왕의 빈번한 결정 번복을 우려했고, 샤른호르스트도 공공연하게 불만을 표출하곤 했다. 실제 제3차 대프랑스동맹 형성 과정에서 영국의 피트 (William Pitt, 1759~1806) 총리가 베를린에 사절을 파견해 프로이센의 도움을 요청하자, 프리드리히 빌헬름 3세는 영국을 지원하기로 결심했다. 그러나 전쟁을 우려한 보수파의 거듭된 요청에 그는 곧바로 지원 결정을 번복했다. 이뿐만 아니라 영국에 대한 지원 거부를 결정한 프리드리히 빌헬름 3세는 혁신파의 반발을 우려해 방어 목적을 위한 부분 동원을 승인했다가 호헨로헤 공작이 이의를 제기하자, 부분 동원 명령 또한 취소하고 말았다. 나폴레옹의 프랑스 대육군을 상대해야 할 프로이센의 최고지도부는 혼란 그 자체였다. 프리드리히 빌헬름 3세는 모든 신하들의 입장을 충족시키려 하다 보니 결국 모두의 불만만 가져오는 무능력함을 여실히 보여주고 말았다.[18] 프리드리히 빌헬름 3세는 그와 접견하는 인원의 요청을 대부분 승인함에 따라 프로이센의 주요 정책은 그와 마지막에 접견하는 인원의 건의대로 결정되는 경우가 많았다. 이런 한심하고 우유부단한 군주를 지켜보는 샤른호르스트는 답답한 마음을 금할 수 없었다.

프로이센의 의도와 달리 전쟁 기운이 고조되자, 샤른호르스트는 프로이센의 군사혁신에 박차를 가했다. 샤른호르스트는 프랑스군과 같이 프로이센군도 기존의 연대 편성이 아닌 사단과 군단 편제를 도입할 것을 주장했다. 결국, 샤른호르스트의 건의대로 프로이센군도 사단과 군단 편제를 도입했지만, 이는 프랑스군이 도입한 편제의 취지를 충분히 이해하지 못한 조치였다. 프랑스군은 기존에 병과 별로 구성된 연대를 보병, 포병, 기병을 통합하여 제병협동작전이 가능한 전투제대를 만들기 위해 사단 편제를 도입했다. 프랑스군의 사단 편제 도입은 1794년에 국민공회 의원으로 훗날 나폴레옹 황제 시대에 전쟁 장관을 역임한 카르노(Lazare Carnot, 1753~1823)가 구상했으나, 효과적인 전투편제로 프랑스군에 정착시킨 인물은 나폴레옹이었다. 나폴레옹이 프랑스군에 사단을 정식 편제로 적용할 때까지 프랑스군에 존재하는 여단 이상 모든 제대의 편제는 임시 편제에 불과했다.[19]

---

18 Jonathan R. White, 앞의 책, pp. 209~212.

19 Gregory Fremont-Barnes · Todd Fisher, 『나폴레옹 전쟁(The Napoleonic Wars)』, (서울: 플

프랑스군은 전장에서의 병력이 급증함에 따라 몇 개의 사단을 결합해 독립작전이 가능한 전투제대로서 군단[20]을 편성했다. 프랑스군은 통상 2~4개의 사단에 포병대와 기병대를 묶어 군단을 편성했고, 군단별로 독립적인 전투근무 지원 체계를 구축하여 운용했다. 프랑스군은 전시에 군단 별로 기동했지만, 나폴레옹의 지시에 따라 결정적 작전이 수행되는 지점에는 사전에 약속된 시점까지 군단별로 집결함으로써 전투력을 집중하곤 했다. 프랑스군의 신속한 기동력은 48시간 이내에 전 병력을 원하는 장소에 집결할 수 있게 만들었다. 따라서 프랑스군은 나폴레옹의 지침에 따라 언제든지 선두부대, 후미부대, 예비부대 등 다양한 전술적 임무의 실시간 전환이 가능했다. 그리고 나폴레옹의 탁월한 지휘 아래 프랑스 대육군은 마치 1개 보병대대가 전투하는 것처럼 전장에서 일사불란하게 움직였다. 프랑스군은 '분진합격(分進合擊)'이라는 기본 기동원칙에 따라 전투를 위한 기동은 통상 군단별로 분리하여 시행했으나 전투 시에는 모든 가용부대를 통합해 전투력을 집중했다.

프랑스군의 군단 편제는 야전군보다 규모가 작아 신속하게 기동

래닛미디어, 2020), p. 42.; Michael Clodfelter, 앞의 책, p. 143.

20 군단 체계에 대한 구상을 처음으로 고안한 인물은 프랑스의 삭스(Maurice de Saxe, 1696~1750) 원수와 기베르(Jacques Antoine Hippolyte de Guibert, 1743~90) 백작이었다. 나폴레옹은 이들이 제시한 구상을 구체화하여 1805년에 프랑스군에 공식적인 군단 편제를 도입했고, 1812년에 이르러서는 유럽 전역에 군단 편제가 도입되었다. 이후 현재까지 한국군을 비롯하여 많은 국가에서 자국군에 군단 편제를 적용하고 있다. Andrew Roberts, 『나폴레옹(Napoleonic The Great)』, (파주: 김영사, 2022), p. 566.

하고 상대적으로 전투물자의 현지 조달이 용이했다. 프랑스군은 군단별로 기동로를 분산했기에 행군 대열이 상대적으로 짧았고, 반대로 병력을 집결하는 데에도 속도가 빨랐다. 하지만 프로이센군은 이러한 프랑스군의 새로운 편제 도입의 취지를 이해하지 못한 채, 단순히 기계적으로 병력만 통합하여 사단과 군단을 편성함으로써 운용 경험이 없던 프로이센군의 지휘관들은 자신의 지휘능력을 초과하는 제대에 대해 효과적으로 지휘할 수 없었다.

프랑스 대육군을 통합하여 지휘하는 최상위 사령부는 제국사령부(Imperial Headquarter)였다. 제국사령부의 수장은 당연히 황제인 나폴레옹이었고, 사령부의 참모장은 베르티에(Louis-Alexandre Berthier, 1753~1815) 원수가 맡았다. 베르티에 원수는 나폴레옹의 명령을 적시적으로 예하 군단으로 하달했고, 또 각 군단의 상황을 수시로 파악하여 나폴레옹의 지휘 결심을 보좌했다. 베르티에 원수는 제국사령부에 근무하는 장교들의 의무는 복종하는 것이라고 수시로 강조했다. 그는 프랑스군이 적용하고 있는 나폴레옹 중심의 1인 총괄 체제가 다양한 군사회의와 핵심인물에 의한 정책결정 체계를 가진 주변국의 군주제보다 효과적이라고 생각했다.[21]

제국사령부의 초창기에는 300명의 장교를 포함한 5,000명의 인원이 근무했으나, 1812년 러시아 원정 당시에는 3,500명의 장교를 포함한 1만 명의 규모로 제국사령부는 확대되었다. 하지만 제국사

---

21   Alexander Mikaberidze, 『나폴레옹 세계사(*The Napoleonic Wars*)』, (서울: 책과함께, 2022), p. 337.

령부는 나폴레옹이 요구하는 정보를 제공하고, 그의 지시를 신속하게 전달하는 제한적 역할에 머물렀다. 항상 나폴레옹은 본인이 직접 다양한 경로를 통해 입수된 정보를 바탕으로 작전을 구상하고 계획을 수립했다. 그리고 그는 종합적인 계획 수립이 끝나면 제국사령부의 근무장교를 통해 신속하게 예하 군단으로 작전명령을 하달하도록 했다. 이러한 체계가 성과를 거두었던 것은 나폴레옹이 타의 추종을 불허하는 군사적 천재성을 함양하고 있었기 때문에 가능한 일이었다.[22]

샤른호르스트는 프로이센군의 급격한 사단 및 군단 편제 도입과 전쟁지도체제가 가지고 있는 한계점을 잘 알고 있었기에 그가 할 수 있는 영역에서 대안을 찾으려 했다. 그는 프로이센군 장교단에 대한 체계적인 교육을 통해 이러한 문제를 해결하려 했으나, 프로이센군에게 주어진 시간은 그리 많지 않았다. 그래서 샤른호르스트가 선택한 단기 처방은 장군참모 제도의 활성화를 통해 이 문제를 해결하고자 했다. 그는 정예 참모장교인 장군참모를 제대 별로 파견하여 그들이 참모장으로서 지휘관을 보좌하여 프로이센군의 고급 지휘관들이 경험해 보지 못한 사단과 군단 편제 도입이 야기할 수 있는 문제들을 해결하도록 조치했다. 프로이센군의 고급 지휘관들은 그동안 이런 대규모 부대의 효과적인 이동이나 진지 편성, 전투근무 지원 등을 경험한 적이 없었다. 하지만 장군참모들을 근본적으로 불신

---

22 Michael Clodfelter, 앞의 책, p. 144.

하던 프로이센군의 고급 지휘관들은 그들에게 배속된 장군참모들을 참모장으로서 활용하려 하지 않았다. 따라서 이러한 난맥을 해결할 수 있는 인물은 국왕밖에 없었으나, 정작 프리드리히 빌헬름 3세는 아무런 조치도 취하지 않았다. 그는 프리드리히 2세가 공들여 구축한 역사적인 프로이센군이라면 나폴레옹의 프랑스군을 충분히 제압할 수 있을 것이라는 막연한 자신감만 갖고 있었다.

프리드리히 빌헬름 3세가 1803년에 장군참모부의 개편을 승인했음에도 불구하고, 대부분의 프로이센군 지휘부의 핵심 인사들은 이를 인정하려 하지 않았다. 그나마 블뤼허(Gebhard Leberecht von Blücher, 1742~1819)나 뤼헬 같은 일부 장군들만 장군참모의 효용성을 이해하고, 그들을 작전계획 수립과 지휘 활동 간에 보좌진으로 활용했다. 특히 프로이센군의 고위 원로단의 대표격인 묄렌도르프 원수는 샤른호르스트의 전쟁이론이나 군사혁신 안이 너무 복잡해 이해할 수 없다며 비판했고, 대부분의 군 원로들과 고급 지휘관들은 프리드리히 2세 시절의 전쟁과 나폴레옹 시대의 전쟁이 어떻게 변화했는지 이해하지 못했다. 그들은 과거의 영화에 고착되어 있었고, 주변의 변화에 둔감했다.[23] 샤른호르스트를 중심으로 하는 프로이센

---

23 프로이센군 원로의 대표격인 묄렌도르프 원수는 샤른호르스트의 주장이 무엇을 말하는 지 이해할 수 없다며 단적으로 잘라 말하자, 나머지 원로들도 묄렌도르프 원수에 의견에 동조했다. 국왕에게 강력한 영향력을 행사하던 그가 단도직입적으로 부정적인 평가를 내리자, 더 이상 지휘부 내에서 샤른호르스트를 노골적으로 지지하는 의견을 제시하기 는 어려운 분위기가 형성되었다. Jonathan R. White, 앞의 책, pp. 216~217.

군의 혁신파들이 장군참모부 개편을 포함한 전반적인 군사혁신에 대한 구상을 국왕에게 건의하여 변화를 추구했으나 번번이 군 원로들의 반대에 가로막혀 실질적인 혁신안의 실현은 어려웠다. 프로이센의 군사혁신이 제자리를 맴도는 그 순간에도 프로이센 외부의 유럽 정세는 급변하고 있었다.

1805년 4월 11일, 영국과 러시아가 상트페테르부르크 조약(Treaty of Saint Petersburg)을 체결하여 프랑스에 공동 대응하기로 합의했다. 그리고 4개월 후인 8월 9일에는 여러 차례 프랑스에 대적했던 오스트리아가 대프랑스동맹에 가담함으로써 본격적인 제3차 대프랑스동맹이 형성되었다. 유럽대륙의 강력한 리더로 등장한 나폴레옹은 유일하게 프랑스에 순응하지 않던 영국 원정을 위해 영국에 인접한 항구인 불로뉴(Boulogne)에 대규모 군사기지[24]를 건설하여 병력을 집결시켜 놓고 있었다. 하지만 러시아에 이어 오스트리아가 제3차 대프랑스동맹에 가담함으로써 프랑스에 다시 반기를 들자, 나폴레옹은 영국 원정에 앞서 유럽대륙 문제를 확실하게 해결하기 위해 오스트리아와 러시아를 먼저 응징하기로 결심했다.

1805년 8월 23일, 불로뉴에 주둔 중인 프랑스 대육군은 동부로의 기동을 개시했다. 그런데 10월에 이르러 프랑스 대육군이 오스트리

---

24 나폴레옹은 1803년 6월, 불로뉴에 군사기지 건설을 추진한 이후부터 오랫동안 영국 원정의 꿈을 포기하지 않았다. 그래서 그는 영국 원정을 위해 준비했던 불로뉴 군사기지의 프랑스 대육군이 제3차 대프랑스동맹전쟁을 위해 동진하는 상황에서도 불로뉴 군사기지는 1813년까지 폐쇄하지 않고 유지했다.

블뤼허는 프로이센군의 보수파 장군이었지만, 샤른호르스트의 군사혁신 구상을 적극적
으로 지지했다. 특히 그는 나폴레옹 전쟁에서의 용맹성을 입증받아, 나폴레옹에게 항복
했음에도 불구하고, 항복에 대한 질책 없이 재등용되었다. 블뤼허는 장군참모의 우수성
을 신뢰하여 샤른호르스트와 그나이제나우와 같은 장군참모를 참모장으로 등용함으로
써 프로이센 해방전쟁과 나폴레옹의 마지막 전투인 워털루 전투에서 동맹군의 승리에
결정적으로 기여했다.

[사진 출처: Wikimedia Commons/Public Domain]

아 방면으로 기동하는 과정에서 프로이센의 영토를 무단으로 통과하는 사건이 발생했다. 예나 지금이나 사전에 협조되지 않은 특정 국가의 일방적인 영토 침범은 심각한 주권 침해로 간주되었다. 프리드리히 빌헬름 3세도 이 문제를 심각하게 생각했다. 프랑스군의 무단 국경 통과에 따라 프로이센은 더 이상 프랑스에 대해 우호적인 중립 정책을 고수하기가 어려워졌다. 프로이센이 입장을 정립하는 과정에서 때마침 베를린을 방문 중이던 러시아의 알렉산드르 1세 (Aleksandr I, 1777~1825〈재위: 1801~25〉)는 프리드리히 빌헬름 3세에게 전쟁을 중단시킬 중재자 역할을 요청했다.

1805년 11월 3일, 프로이센과 러시아 간에 제3차 대프랑스동맹전쟁의 중재자 역할을 명시한 포츠담 조약(Treaty of Potsdam)이 체결되었다. 포츠담 조약은 프로이센이 양측의 중재자 역할을 하되, 만약을 대비하여 러시아군의 프로이센 영토 통과를 허용하기로 했다. 하지만 만약 프로이센의 중재 노력이 실패로 돌아가면, 프로이센은 제3차 대프랑스동맹전쟁에 참가하여 러시아와 함께 프랑스에 대항하기로 약속했다. 이에 따라 프리드리히 빌헬름 3세는 하우크비츠 (Christian August Heinrich Kurt von Haugwitz, 1752~1832) 백작을 특사로 임명하여 나폴레옹의 사령부로 파견했다. 당시 프로이센군 지휘부는 프랑스군의 전투준비태세를 안일하게 생각해서 프랑스군이 12월 15일 이전에는 대규모 공세로 나설 수 없을 것이라 오판했다.[25]

---

25 Francis Loraine Petre, *Napoleon's Conquest of Prussia, 1806* (London: The Bodley Head,

하우크비츠 백작이 브륀(Brünn)에 있는 프랑스군 사령부에 도착한 11월 28일에는 전장 상황이 많이 달라져 있었다. 더군다나 임박한 전투준비에 몰두하던 나폴레옹은 의도적으로 하우크비츠 백작을 만나주지 않았다. 프랑스군의 거침없는 진격에 신성로마제국의 황제인 프란츠 2세(Franz II, 1768~1835⟨재위: 1792~1835⟩)는 제국의 수도인 빈(Wien)을 이미 포기하고 물러났다. 그 결과 11월 13일, 프랑스군은 빈을 무혈점령했다.

하우크비츠 백작이 프랑스군 사령부에 도착한 직후인 12월 2일, 제3차 대프랑스동맹전쟁의 마지막 전투인 아우스터리츠 전투(Battle of Austerlitz)가 발생했다. 아우스터리츠 전투에는 4개 군단으로 편성되어 7만 3,200명의 병력과 대포 139문으로 무장한 프랑스군과 8만 6,000명의 병력과 대포 278문으로 무장한 오스트리아-러시아 동맹군이 참전했다. 병력과 화력 모두 오스트리아-러시아 동맹군이 프랑스군에 대해 근소한 우위를 보였으나, 나폴레옹은 승리에 대한 확신을 갖고 아우스터리츠에서 결전을 치르기로 결정했다.

나폴레옹은 동계라는 계절적 특성과 고지를 활용한 기만전술을 통해 오스트리아-러시아 동맹군의 주력이 고지를 이탈하도록 만들었고, 그 순간을 이용해 고지를 점령함으로써 오스트리아-러시아 동맹군을 양분시켰다. 그리고 프랑스군의 기만에 호수 위로 이동하던 오스트리아-러시아 동맹군은 프랑스군의 집중적인 포격으로 호

1907), pp. 2~4.; Alexander Mikaberidze, 앞의 책, pp. 353~375.

수의 얼음이 깨지면서 많은 병력이 차가운 호수 속으로 수장되고 말았다. 전투 결과 프랑스군은 전사자 1,305명, 부상자 6,940명, 포로 573명의 피해를 보았으나, 오스트리아-러시아 동맹군의 이보다 피해는 훨씬 컸다. 러시아군은 1만 1,000명의 사상자와 9,767명의 포로가 발생했고, 오스트리아군은 전사자 600명, 부상자 1,200명, 포로 1,686명이 발생했다.[26] 프랑스군의 완벽한 승리였다.

아우스터리츠 전투는 프랑스의 나폴레옹, 오스트리아의 프란츠 2세, 러시아의 알렉산드르 1세가 격돌한 전투였다. 이에 따라 일명 '삼황제 전투'라고 불리기도 했다. 황제들이 직접 병력을 이끌고 참전한 전투에서 나폴레옹은 대승을 거두었다. 수도를 상실한 가운데 러시아군의 지원에도 불구하고 전투에서 처참하게 패배하자, 프란츠 2세는 더 이상의 전쟁은 무의미하다고 판단해 나폴레옹에게 강화를 요청했다. 결국, 12월 26일, 이탈리아의 주요 도시를 프랑스에 양도하고 신성로마제국 내의 독일계 소국들이 프랑스의 영향권에 편입되는 등의 프랑스 입장이 일방적으로 반영된 프레스부르크 조약(Treaty of Pressburg)이 체결됨으로써 제3차 대프랑스동맹도 해체되고 말았다. 프레스부르크 조약을 통해 오스트리아는 250만 명의 국민을 잃어버림으로써 국가 수입의 1/6을 상실하고 말았다. 오스트리아는 외형적으로는 신성로마제국의 종주국 지위를 유지했으나,

---

26   Michael Clodfelter, 앞의 책, p. 150.

제국의 영향력과 국제적 위상은 실추되고 말았다.[27] 이를 통해 유럽에서의 나폴레옹의 권위는 더욱 확고해졌고, 당분간 러시아와 오스트리아는 프랑스에 대항할 의욕을 상실하게 되었다.

예상과 달리 조기에 치러진 아우스터리츠 전투에서의 패전으로 전쟁의 중재자 역할을 하려던 프로이센의 계획에 차질이 생겼다. 그래서 전투 결과를 목도한 하우크비츠 백작은 결국 12월 15일, 최초의 임무와는 달리 나폴레옹의 강압에 의해 프리드리히 빌헬름 3세의 승인을 받을 여유도 없이 프랑스의 입장만 반영된 비밀조약인 쇤브룬 조약(Treaty of Schönbrunn) 초안에 서명하고 말았다. 쇤브룬 조약에 따라 프로이센은 프랑스가 점령하고 있던 하노버를 양도받았으나, 안스바흐(Ansbach)를 프랑스의 동맹인 바이에른에 양도해야 했고, 스위스 내부에 위치한 프로이센의 영토인 노이엔부르크(Neuenburg)는 프랑스에 양도해야 했다.

프리드리히 빌헬름 3세는 조약의 형식과 내용에 이의를 제기하며 나폴레옹의 일방적인 지시와 같은 쇤브룬 조약을 거부했다. 하지만 프로이센의 반발을 인지한 나폴레옹의 요구에 따라 프리드리히 빌헬름 3세는 1806년 2월 15일, 쇤브룬 조약보다 프로이센에 더 가혹한 내용이 담긴 파리 조약(Treaty of Paris)의 체결을 수용해야 했다. 프로이센은 파리 조약에 따라 영국과의 해상무역을 전면 중단해야 했다. 또한, 프로이센은 원하지 않았지만 조지 3세를 군주로 모시던

---

27   Andrew Roberts, 앞의 책, p. 606.

하노버를 양도받게 되자, 영국은 이에 반발하며 프로이센에 전쟁을 선포했다. 나폴레옹의 술책에 빠진 프로이센은 프랑스는 물론 그동안 우호적이었던 영국과도 적대하게 되었다.[28]

나폴레옹의 외교적 술책은 이게 전부가 아니었다. 7월 28일, 주프랑스 프로이센 대사의 보고를 통해 프리드리히 빌헬름 3세는 나폴레옹이 영국과의 추가 협상을 위해 프로이센에 양도하기로 한 하노버를 다시 영국에 반환하겠다는 제안을 했다는 사실을 알게 되었다. 프리드리히 빌헬름 3세는 나폴레옹이 자신을 외교적으로 이용한 것에 대해 깊은 배신감을 느끼게 되었다. 결국, 영국과 프랑스와의 협상이 결렬되어 하노버 반환 논의는 없던 일로 되었지만, 나폴레옹의 이중적인 태도에 프리드리히 빌헬름 3세는 나폴레옹에 대한 적대적인 감정이 깊어졌다. 궁극적으로 하노버의 지배권을 둘러싼 외교적 논란은 프리드리히 빌헬름 3세의 자존심에 상처를 주어 나폴레옹과의 전쟁을 결심하는 데 중요한 동기를 제공했다.[29]

프레스부르크 조약 체결로 오스트리아는 신성로마제국에서의 우월적 지위를 상실하게 되었다. 결국, 1806년 1월 20일, 제국의 핵심 기구인 제국의회가 폐지되고, 7월 12일에는 마인츠의 대주교 출신인 달베르크(Karl Theodor Anton Maria von Dalberg, 1744~1817)를 대표

28   임종대,『오스트리아의 역사와 문화 2』(서울: 유로, 2014), pp. 219~229.

29   황수현 · 박동휘 · 문용득, 앞의 책, p. 95.

로 하는 라인동맹(Rheinbund)[30]이 제국과 별도로 결성되었다. 달베르크는 라인동맹이 오스트리아와 프로이센 사이에 제3의 연대 조직으로 균형을 잡을 수 있는 정치공동체를 추구했는데, 라인동맹은 그의 이러한 정치 신조에 딱 들어맞는 공동체였다. 프랑스는 라인동맹의 동맹국으로 나폴레옹이 라인동맹의 수호자 역할을 함에 따라 라인동맹은 철저히 프랑스에 종속될 수밖에 없었다. 라인동맹의 초대 회원국은 바이에른, 뷔르템슈타인, 바덴, 베르크, 헤센-다름슈타트 등을 포함한 16개국이었다. 그러나 라인동맹은 점진적으로 확대되어 1808년에는 바이에른, 작센, 뷔르템슈타인, 베스트팔렌의 4개 왕국과 바덴, 베르크, 헤센-다름슈타트, 프랑크푸르트, 뷔르츠부르크의 5개 대공국 이외에도 13개의 공국과 18개의 후작국을 포함한 40개국으로 확대되었다. 이후 라인동맹은 1811년에는 325,752km^2의 면적과 1,460만 8,877명의 인구를 보유한 거대 동맹 세력으로 성장했다.[31] 라인동맹은 프로이센의 전체 면적과 비슷한 영역을 차지했으나, 전체 인구는 프로이센 인구보다 50%나 많은 대규모 정치공동체였다.

라인동맹이 결성되자 1806년 8월 6일, 프란츠 2세는 신성로마제국의 존속이 불가능하다고 판단해 신성로마제국 황제에서 퇴위함

---

30 라인동맹은 프랑스군이 1812년의 러시아 원정에서 실패하고, 1813년 10월에는 라이프치히 전투(Battle of Leipzig)에서 대프랑스동맹군에 결정적으로 패배함으로써 프랑스의 영향력이 급감하게 되자, 1813년 11월 4일, 공식적으로 해체되었다.

31 임종대, 앞의 책, pp. 247~249.

으로써 신성로마제국은 해체되었다. 이후 프란츠 2세는 1804년 8월 11일에 이미 제국으로 선포한 오스트리아의 황제, 프란츠 1세로 호칭을 변경했다. 프란츠 2세의 퇴위는 나폴레옹의 강요에 의한 결과였다. 나폴레옹은 1806년 7월 22일, 신성로마제국의 마지막 황제인 프란츠 2세에게 8월 10일까지 퇴위할 것을 요구했다. 결국, 프란츠 2세는 신성로마제국의 황제 직분을 벗어 버리고, 새로운 오스트리아제국 황제인 프란츠 1세로 새롭게 태어났다. 그동안 오스트리아는 신성로마제국 내에서 대공국의 지위를 유지했으나, 미래를 예견한 프란츠 2세가 선제적으로 오스트리아를 대공국에서 제국으로 승격시킴에 따라 오스트리아는 1804년 8월 11일부로 제국으로 불리게 되었다.[32]

2. 나폴레옹의 프로이센 침공

1806년에 들어서면서부터 프로이센 내부에서 프랑스에 대한 적대감이 서서히 고조되기 시작했다. 실례로 프로이센군의 중기병이 베를린에 위치한 프랑스 대사관에서 무장한 상태로 무력시위를 공공연히 할 정도로 적대감의 표출이 빈번하게 발생했다. 특히 라인동맹의 결성은 자연스럽게 프로이센의 위기의식을 불러왔다. 프로

---

32 임종대, 앞의 책, p. 218.

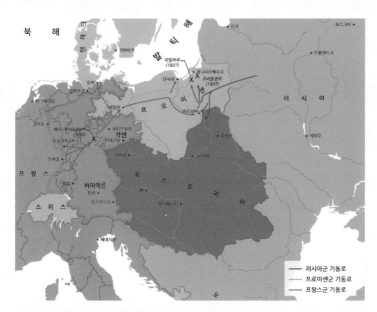

라인동맹의 형성과 제4차 대프랑스동맹전쟁 전황(1806~7)

이센과 프랑스 사이에서 완충지대 역할을 하던 독일계 소국들이 프랑스의 동맹국으로 전환되자, 프로이센은 라인동맹이 프로이센의 핵심 이익을 침해한다고 생각했다. 프로이센은 자국의 핵심 이익을 지키기 위해 전쟁을 포함한 모든 방책을 고민하기 시작했다. 결국, 1806년 9월 26일, 프리드리히 빌헬름 3세는 나폴레옹에게 라인강 너머로의 프랑스군 철수와 프로이센 주도의 북독일연방 구성의 수용 요구를 골자로 하는 최후통첩[33]을 보냈다.

프리드리히 빌헬름 3세는 사전에 알렉산드르 1세와의 비밀 협정을 통해 프랑스가 프로이센을 침공할 경우 러시아군이 지원하기로 확답받았다. 그러나 프랑스가 아닌 프로이센의 최후통첩은 사전에 러시아와 협의되지 않은 사항이었다. 따라서 프로이센의 선제적인 최후통첩에 따라 양국이 전쟁에 돌입할 경우, 러시아군의 실질적인 지원은 상당한 시간이 필요했다.[34] 프로이센의 내부 움직임을 사전에 간파한 나폴레옹은 전쟁이 멀지 않았음을 인식했다. 그래서 비밀리에 첩자들을 활용하여 프로이센의 주요 기동로를 정찰하도록 했고, 그 결과를 담은 세부적인 군사지도를 제작하도록 지시했다. 특

---

33 프로이센의 최후통첩에 나폴레옹은 10월 12일에서야 뒤늦은 답장을 보냈다. 나폴레옹은 아우스터리츠 전투에서 오스트리아와 러시아가 결국 패전 끝에 굴복한 사실을 상기시켰다. 그리고 만약 양국이 전쟁에 돌입하게 되면, 프로이센도 결국에는 정복당할 것이고, 결과적으로 프리드리히 빌헬름 3세의 안정적인 노후도 보장받지 못할 것이라며 경고했다. 또한, 그는 프리드리히 빌헬름 3세에게 한 달 안에 현재와 같은 군주로서의 지위는 박탈될 것이라며 조롱했다. Christopher Clark, 앞의 책, pp. 420~421.

34 Alexander Mikaberidze, 앞의 책, p. 395.

히 나폴레옹은 부대 기동로 판단에 결정적인 도로의 폭이나 하천의 깊이, 식량이나 군수창고 등의 핵심 요소들은 반드시 지도에 명시하도록 함으로써 전쟁에 대한 사전 준비를 철저히 했다. 그리고 그는 현지 조달을 위한 도시의 규모와 주민 수도 파악하여 모든 정보를 담은 종합적인 군사지도를 제작할 것을 측량국에 지시했다.[35]

나폴레옹은 프로이센이 최후통첩을 전달하기 이전인 9월 18일에 이미 프로이센과의 전쟁을 결심하고, 9월 19일에는 시기별 군단의 전술적 행동까지 구체적으로 명시한 부대 이동 명령을 하달했다. 그와 동시에 나폴레옹은 프로이센을 기만하기 위해 다양한 위장 행위와 헛소문을 의도적으로 퍼트리는 치밀함도 보였다. 하지만 나폴레옹의 명령이 일단 하달되자 프랑스군은 신속하게 3개의 축선으로 나누어 공격대기 지점[36]으로 이동했다. 나폴레옹의 단일 지휘체제 아래 여러 차례 전쟁 경험이 있던 프랑스군은 일사불란하게 계획된 전쟁준비상태로 돌입했다.

프로이센군은 나폴레옹의 대응 속도에 안일하게 대응했다. 프로이센군은 제3차 대프랑스동맹전쟁으로 유럽 전역에 분산된 프랑스군이 재집결하여 정비하기 위해서는 상당한 시간이 걸릴 것으로 생각했다. 그래서 프랑스군에 비해 상당 기간 전쟁을 수행하지 않은

---

35 Andrew Roberts, 앞의 책, p. 630.

36 프랑스군 각 제대의 공격대기 지점은 다음과 같았다. 좌익군은 코부르크(Coburg), 중앙군은 크로나흐(Kronach), 우익군은 바이로이트(Bayreuth)였다. 나폴레옹은 프로이센군을 기만하기 위해 10월 8일 오전 9시에서야 크로나흐에 도착했다.

프로이센군은 거듭된 전투에 지친 프랑스군을 충분히 상대할 수 있을 것으로 판단했다. 하지만 프랑스군은 제3차 대프랑스동맹전쟁 종료 이후에 8개월이라는 재정비 기간을 가졌고, 프로이센 침공을 위해 동원한 부대는 영국 원정을 위해 불로뉴 군사기지에서 충분한 훈련을 마쳐 전투력이 최고 상태인 부대였다.

프로이센군은 러시아의 비밀 협정에 따라 적어도 11월 초에는 러시아군이 프로이센군과 합류할 수 있을 것으로 판단했다. 따라서 프로이센군이 한 달 정도만 프랑스군을 저지한다면, 러시아군과 연합하여 프랑스군을 충분히 격퇴할 수 있을 것이라는 안일한 생각에 빠져 있었다. 나폴레옹도 프로이센의 최후통첩에 대한 답장을 의도적으로 지연시킴으로써 프로이센군이 방심하도록 유도했다. 마치 나폴레옹이 여전히 프로이센의 최후통첩에 대한 명확한 대응 방안을 결정하지 못한 것처럼 위장했다. 하지만 프리드리히 빌헬름 3세가 나폴레옹의 답을 기다리고 있던 그 순간에도 프랑스군은 공격대기 지점으로 신속히 이동하고 있었다.[37]

전쟁이 임박하자 프로이센군은 장군참모부 예하 각 여단을 지역별 개별 사령부로 분산시켰다. 장군참모부장인 게우사우 중장과 제1여단장인 풀 대령은 국왕이 위치한 중앙지휘부에 배속되었다. 제2여단장은 마센바흐 대령은 호헨로헤 공작의 사령부에 배속되었고, 샤른호르스트는 프로이센군 총사령관인 브라운슈바이크 공작의 사

---

37   Gregory Fremont-Barnes · Todd Fisher, 앞의 책, pp. 99~100.

령부에 배속되었다. 하지만 프로이센군 내부에서 장군참모부의 책임과 역할은 아직 불명확했고, 개별 사령관들도 배속된 장군참모들의 조언을 귀담아듣지 않았다. 그들은 과거와 같이 자신의 경험과 권위에 입각한 독단적인 전투지휘를 고집했다.[38]

나폴레옹은 프로이센과의 전쟁을 위해 남부 독일에 14만 명의 보병과 3만 명의 기병으로 편성된 6개의 군단을 중심으로 제대를 크게 좌익, 중앙, 우익의 3개 제대로 구분했다. 6개 군단은 베르나도트(Jean-Baptiste Jules Bernadotte, 1763~1844)[39] 원수[40]의 1군단, 다부(Louis Nicolas Davout, 1770~1823) 원수의 3군단, 술트(Jean de Dieu Soult, 1769~1851) 원수의 4군단, 란(Jean Lannes, 1769~1809) 원수의 5군단, 네(Michel Ney, 1769~1815) 원수의 6군단, 오주로(Pierre François Charles Augereau, 1757~1816) 원수의 7군단으로 편성되었다. 여기에

---

38 강창구 · 김행복, 『독일군 참모본부』, (서울: 병학사, 1999), p. 68.

39 베르나도트 원수는 나폴레옹 전쟁 도중인 1810년 8월 21일, 스웨덴 의회의 요청으로 스웨덴의 왕위계승자로 책봉되었으며, 1818년 2월, 칼 13세(Karl XIII, 1748~1818, 〈재위: 1809~18〉)가 사망하자, 칼 요한 14세(Karl XIV Johan, 재위: 1818~44)로 스웨덴의 정식 국왕이 되었다. 프랑스 출신의 칼 요한 14세가 스웨덴 국왕으로 취임하면서 스웨덴에는 베르나도테(베르나도트의 스웨덴 표현) 왕조가 시작되었다.

40 나폴레옹은 대관식을 통해 황제에 즉위한 다음 날인 1804년 12월 3일, 핵심 부하 14명을 제국 원수로 임명했다. 당시의 제국 원수는 군의 계급이라기보다는 고위 지휘관을 격려하기 위한 의도로 부여한 명예직 칭호였다. 제국 원수에게는 금독수리를 새긴 지휘봉이 수여되었으며, 수시로 성과에 따라 나폴레옹으로부터 고액의 현금을 보상으로 받기도 했다. 제국 원수라는 칭호 자체가 프랑스 제국의 가장 훌륭한 지휘관임을 인증하는 상징이 되었으며, 통상 나폴레옹과 함께 전장에 나서는 군단장은 주로 제국 원수로 임명되었다. Andrew Roberts, 앞의 책, pp. 532~533.

르페브르(François Joseph Lefebvre, 1755~1820) 원수의 제국근위대와 뮈라(Joachim Murat, 1767~1815) 원수의 기병 예비대도 추가되었다. 또한, 라인동맹은 프랑스군을 지원하기 위해 브레데(Karl Philipp von Wrede, 1767~1838) 장군이 지휘하는 7,000명의 바이에른군이 참전했다. 여기에 프랑스군은 추가적인 포병과 공병 9,000명도 보유했다. 종합적으로 전체 프랑스군의 규모는 18만 2,000명에 달했다. 프로이센 침공을 앞둔 프랑스군의 세부 병력 현황은 〈표 3〉과 같다.

〈표 3〉 프로이센 침공 당시 프랑스군 현황[41]

단위: 명

구 분		지 휘 관	보 병	기 병	대 포
우익	4군단	술트	30,956	1,567	48
	6군단	네	18,414	1,094	24
	바이에른군	브레데	6,000	1,100	18
	소 계		55,370	3,761	90
중앙	1군단	베르나도트	19,014	1,580	34
	3군단	다부	28,655	1,538	44
	제국근위대	르페브르	4,900	2,400	36
	기병예비대	뮈라	-	17,550	30
	소 계		52,569	23,068	144
좌익	5군단	란	19,389	1,560	28
	7군단	오주로	15,931	1,175	36
	소 계		35,320	2,735	64
총 계			143,259	29,564	298

18만 명에 달하는 프랑스군을 맞이해 프로이센군도 전쟁 준비를 서둘렀다. 프로이센군의 총병력은 25만 4,000명이었으나, 후방 지역인 폴란드에서의 반란 진압과 만약의 경우를 대비하여 러시아로부터의 배후 공격을 방어하기 위해 일부 병력을 잔류시킴에 따라 프랑스군과의 전쟁에 동원할 수 있는 병력은 18만 7,000명에 불과했다.[42] 프로이센군은 병력을 크게 4개 제대로 편성했다. 총사령관은 샤른호르스트를 프로이센으로 이적시키는 데에 많은 영향을 준 브라운슈바이크 공작으로 7만 3,000명의 병력을 지휘했다. 나머지 병력은 뤼헬[43] 장군이 2만 9,000명, 레스토크(Anton Wilhelm von L'Estocq, 1738~1815) 장군이 2만 5,000명, 호헨로헤 공작이 4만 2,000명을 지휘했다. 특히 호헨로헤 공작은 왕족의 일원으로 프로이센의 유일한 동맹국이었던 작센군[44] 1만 8,000명도 통합 지휘했다.[45]

41　Francis Loraine Petre, 앞의 책, p. 74.

42　샤른호르스트는 프랑스군의 중심에 강력한 파쇄 공격을 건의했으나 무시당했다. 이후 그는 프랑스군이 강변을 따라 넓게 분산 배치하자, 다시 재차 강력한 돌파 공격을 건의했으나 결국 미반영되었다. 당시 프로이센군 지휘부는 샤른호르스트는 물론 배속된 장군참모들을 거의 무시했다. Walter Görlitz, 앞의 책, p. 25~28.

43　뤼헬 장군은 프랑스군을 우습게 보던 프로이센군의 전형적인 장군 중의 한 명이었다. 그는 프로이센군은 이미 나폴레옹과 같은 수준의 장교를 여러 명 보유하고 있다며 거들먹거리곤 했다. Michael Schoy, 앞의 글, p. 13

44　작센은 베를린이 함락되자, 프로이센과의 동맹을 파기했고, 1806년 12월 11일에 프랑스와 포즈난 조약(Treaty of Poznań)을 체결함으로써 라인동맹에 가담했다. 그리고 그에 대한 보상으로 작센은 공국에서 왕국으로 승격되었다. 이후 작센은 프랑스의 연합국으로 전환해 6만 6,000명의 병력을 지원했다. 제4차 대프랑스동맹전쟁의 종전 이후, 작센은 국가 지위가 왕국으로 승격됨에 따라 작센 선제후인 프리드리히 아우구스트 1세 (Friedrich August I, 1750~1827〈재위: 1763~1827〉)는 정식 국왕의 신분으로 아우구스트 1

총사령관인 브라운슈바이크 공작은 제1차 대프랑스동맹전쟁 당시에 지나치게 신중한 작전지휘로 전투에 실패했던 지휘관이었다. 그는 대규모 병력을 지휘할 전략적 식견이나 전장 리더십 모두가 부족한 구시대의 인물이었다. 그럼에도 불구하고 그는 프리드리히 2세와의 전투 경험이 있는 몇 안 되는 프로이센군의 원로 귀족이라는 이유로 다시 총사령관으로 전장에 나섰다. 하지만 영화로운 과거에 고착되어 급변하고 있는 군사적 현실을 무시한 고령의 무능력한 장군이 프로이센군의 총사령관으로 임명되었다는 사실은 향후 발생할 비극의 시작이었다.

18만 명의 대군을 편성한 프랑스군은 라인동맹이라는 지원 세력이 존재했지만, 프로이센은 실질적으로 고립되어 있었다. 1805년의 제3차 대프랑스동맹전쟁 당시 프로이센군은 중립을 지키다가 프랑스나 기존 동맹국 모두에게 원성을 사고 말았다. 그 결과 프로이센은 작센과 같은 독일계 소국 일부의 지원만 가능할 뿐, 온전히 자국군만으로 프랑스군을 상대해야 했다. 같은 독일계 국가인 오스트리아는 프로이센의 위기를 방관하고 있었고, 하노버 합병에 따라 영국과는 적대적 관계로 전환되었다. 프로이센과 국경을 접하고 있는 러시아의 지원은 아직 불확실한 상황이었다. 오히려 프로이센은 혹시

세라는 칭호를 받게 되었다. Peter H. Wilson, *Iron and Blood: A Military History of the German-Speaking Peoples since 1500* (Cambridge, Massachusetts: Harvard University Press, 2023), pp. 272~273.

45   Michael Clodfelter, 앞의 책, p. 150.

모를 러시아의 위협에 대비하여 국경 일대에 별도의 병력을 잔류시켜야 하는 상황이었다. 프리드리히 빌헬름 3세의 외교 실패는 심각한 위기를 가져오고 말았다.[46]

개전이 임박한 시점의 양국 전투준비태세에는 확연한 차이가 있었다. 프로이센군은 7년 전쟁을 수행했던 프리드리히 2세 시절의 군대와 큰 차이가 없었다. 당시에는 유럽 최강의 군대였지만, 그 이후로 프로이센군의 변화는 없었다. 프로이센군은 전쟁 수행을 위한 많은 군수 물동량으로 인해 기동력은 프리드리히 2세 시절과 비슷한 일일 평균 20~24km 정도였다. 하지만 프랑스군은 근위대의 경우 29km를 넘었고, 다부 원수나 란 원수가 이끄는 군단의 경우, 전투를 병행하면서도 일일 평균 23~26km에 달하는 기동력을 보여주었다. 양국 군대의 기동성에는 많은 차이가 있었다.

프로이센군의 전투대형은 18세기 중반의 밀집대형을 고수함에 따라 기동성과 전투 유연성이 부족했다. 이는 당시 상비군의 중심인 용병의 특성을 고려한 통제의 용이성을 위한 조치였다. 하지만 국민군으로 구성된 프랑스군은 전투대형 편성에 있어 통제보다는 전술적 유용성에 의미를 둔 공간의 융통성을 부여함으로써 다양한 전투 간에 발생할 수 있는 우발상황에 대처하기가 용이했다. 이러한 프랑스군의 유연한 전투대형은 프로이센군보다 전투에 효과적이었다.

---

46 황수현, "19세기 초반 프로이센의 군사혁신 고찰"『한국군사학 논집』제78집 제1권, 2022. 2, pp. 57~58.

특히 프랑스군은 척후병의 소규모 제대 편성을 통해 다양한 기습공격을 가했는데, 이는 프로이센군의 척후병 운용보다 압도적인 우세를 보였고, 근접전투에서의 프랑스군 승리에 크게 기여했다.

무기체계에서도 양국 군대는 많은 차이가 있었다. 18세기 중후반에 들어 프랑스는 유럽 열강들과의 다양한 전투에서 많은 패배를 맛보았다. 아메리카 대륙에서의 주도권 장악을 위한 영국군과의 전투에서도 패배했고, 유럽대륙에서도 프리드리히 2세가 이끄는 프로이센 같은 약소국에 참패를 당하기도 했다. 특히 프로이센의 급격한 성장에 충격을 받은 프랑스는 전술, 편제 등의 분야 외에도 군사기술 분야에서 활발한 혁신이 일어나고 있었다. 프랑스혁명의 분위기 속에서 군주제가 폐지되자, 자연스럽게 과거의 권위나 전통보다는 실질적인 성과를 중시하는 기풍이 사회 전반에 확산되면서 혁명 이전의 군사기술 혁신은 자연스럽게 혁명군에게 이어졌다. 그리고 혁신의 산물은 프랑스혁명 이후의 프랑스군이 향유했다.[47]

나폴레옹은 포병장교 출신이었는데, 공교롭게도 나폴레옹의 전면적인 등장 이전인 18세기 후반에 프랑스군의 포병장교였던 그리보발(Jean-Baptiste Vaquette de Gribeauval, 1715~89)이 화포의 일대 혁신[48]을 단행했다. 그리보발이 시도한 포병 분야에서의 기술적 혁신

---

47 기세찬 · 나종남 외 8인,『전쟁의 역사』, (서울: 사회평론아카데미, 2023), p. 229~230.
48 그리보발은 프랑스 포병 감찰감으로 근무하며 프랑스군 포병의 혁신을 위한 여러 가지 조치를 단행했다. 그는 제대 별로 운용 화포를 통일하고, 부품을 표준화함으로써 수리와 정비가 용이하도록 만들었다. 또한, 그는 기존에는 분리되었던 탄약과 장약을 하나의 탄피로

은 18세기 후반 프랑스혁명 시기에 프랑스군의 부대 편제에도 반영됨으로써 나폴레옹은 유럽 최강의 포병을 활용할 수 있었다. 유럽 최정상급의 포병 운용을 배운 나폴레옹은 누구보다도 화력의 효과와 중요성을 간파하고 있었고, 대규모 주력 결전에서 화력의 효과적인 지원 없이는 승리가 불가능하다는 사실도 잘 알고 있었다. 프랑스의 그리보발이 포병 혁신을 단행할 때, 프리드리히 2세는 국왕에 충성하는 귀족 출신 장교단에만 관심을 두다 보니, 평민 출신 장교들이 주로 담당하던 포병 같은 기술병과의 혁신에 대해서는 상대적으로 관심이 부족했다. 포병에 대한 국왕의 상대적 무관심과 부정적 인식은 유럽 최강의 육군이라는 칭호에 맞지 않게 프로이센군의 포병 발전을 저해했고, 이는 프로이센군에 하나의 전통과 문화로 이어졌다.[49]

통합함으로써 사격과 보관의 운용성을 증대시켰을 뿐만 아니라, 포가를 발명함으로써 사격의 안전성과 정확도도 향상시켰다. Bernard Brodie · Fawn McKay Brodie, 『무기가 바꾼 세계사: 석궁에서 수소폭탄까지(*From Crossbow to H-Bomb*)』, (서울: 양문, 2023), p. 171.

49   박상섭, 『테크놀로지와 전쟁의 역사』, (파주: 아카넷, 2018), pp. 207~209.

샤른호르스트도 포병장교 출신으로서 포병 운용에 대한 여러 가지 개선책을 제시하기는 했지만, 샤른호르스트의 의견은 전술 교리에 전혀 반영되지 않았다. 당시 대부분의 귀족 출신 장교들은 그들의 사회적 지위에서 나오는 권위와 리더십을 발휘하기에 용이한 보병과 기병을 선호했기에 그들이 이해하기 어려운 기술 분야를 담당하는 포병장교들은 통상 무시당했다. 반면에 나폴레옹은 보병의 효과적인 기동을 보장하기 위해 화력의 기동성과 유연성을 강화시켰고, 나폴레옹이 원하는 지점에 적시적이고 집중적인 화력 지원이 가능하도록 무기체계는 물론 편제도 개편했다. 프랑스군에서 비롯된 사단과 군단 편제는 바로 이러한 화력의 효과적인 전술적 운용을 강화하기 위한 편성이었다.[50]

브라운슈바이크 공작이 프로이센군의 총사령관이었지만, 개별 사령부와의 협조된 유기적인 작전지휘는 이뤄지지 않았다. 개별 사령부는 거의 독단적으로 작전을 수행했다. 더군다나 브라운슈바이크 공작마저도 시시각각 전투준비를 진행하고 있는 프랑스군을 마주하면서도 지휘소에서는 연일 작전 구상을 위한 토의만 거듭했다. 특히 프랑스군은 나폴레옹의 지휘 아래 일사불란하게 전쟁 준비에 돌입했지만, 프로이센군 지휘부는 다양한 가능성에 대비한 방책을 논의하다 보니 통합적인 단일계획을 수립하는 것도 어려웠고, 핵심 지역 방어를 위한 방어 병력을 집중하는 것도 어려웠다. 당시 프랑

50 Francis Loraine Petre, 앞의 책, pp. 21~23.

스군은 60km의 종심을 활용하여 기동계획을 수립하였으나, 프로이센군은 130~145km에 달하는 지점을 방어하기 위해 병력을 분산해야 했다. 프로이센 사령부에서는 기동하는 적을 앞에 두고 논쟁만 지속했다.

프로이센군 최고사령부나 전선사령부나 토론만 거듭하는 모양은 별 차이 없었다. 브라운슈바이크 공작의 참모장으로 배속된 샤른호르스트는 이런 모습을 보며 한탄했다. 최선의 방안 도출 이전에 무언가 결심하고 조치가 취해져야 하는데, 프로이센군은 토의만 하고 있었다. 다른 프로이센군의 고급 지휘관같이 브라운슈바이크 공작도 장군참모 출신의 참모장인 샤른호르스트의 의견을 들으려 하지 않았다. 심지어 브라운슈바이크 공작은 자신을 귀찮게 하는 샤른호르스트를 지휘소에서 쫓아내어 샤른호르스트는 전방 부대로 이동할 수밖에 없었다. 최종적으로 샤른호르스트는 블뤼허 장군의 지휘부에 합류했다.[51]

블뤼허 장군은 보수파로 분류되는 인물이었으나, 샤른호르스트의 논리적인 주장에 공감하는 유연한 사고력을 가진 지휘관이었다. 블뤼허 장군은 나폴레옹 전쟁 초기, 브라운슈바이크 공작의 지휘소에서 쫓겨난 장군참모장교인 샤른호르스트를 자신의 참모장으로 활용해 적극 활용했다. 비록 프랑스군과의 전쟁에서 원하는 전략적 목표를 달성하지는 못했지만, 그는 참모장인 샤른호르스트를 통해

---

51   Jonathan R. White, 앞의 책, pp. 215~216.

장군참모 제도의 진면목을 확인했다. 블뤼허 장군은 전투 간에 자신의 의도만을 말했을 뿐인데, 샤른호르스트가 지휘관의 작전 의도를 바탕으로 구체적인 작전계획과 명령을 작성하는 것을 보고 감탄했다. 이후 그는 샤른호르스트의 적극적인 후원자가 되었다.[52] 특히 샤른호르스트가 작성한 작전명령에는 작전 수행 간에 발생할 수 있는 여러 가지 핵심 변수를 도출하여 이에 대한 대책도 명시함에 따라 블뤼허 장군은 샤른호르스트는 물론 장군참모 제도에 대해 전적으로 신뢰하게 되었다.

양국의 병력 규모에는 큰 차이가 없었으나, 지휘부의 구성에는 중요한 차이가 있었다. 핵심은 전쟁을 지휘하는 양국 지휘부의 나이였다. 프랑스군의 총사령관인 나폴레옹은 당시 37세였고, 예하의 군단장들은 6명 중에 4명은 30대, 2명은 40대였다. 전반적으로 프랑스군의 지휘관들은 전투를 수행하기에 무리가 없는 활동적인 연령대로 구성되어 있었다. 하지만 프로이센군의 총사령관은 당시 71세의 노인이었고, 나머지 지휘관들도 50대 1명, 60대 2명으로 구성되어 있었다. 프랑스군 지휘부의 평균 연령은 39세였고, 프로이센군 지휘부의 평균 연령은 63세였다. 당시의 평균 수명을 고려했을 때, 프로이센군의 지휘부는 겨우 거동할 수 있는 노인들로 구성되었다고 할 수 있다. 오늘날의 현역 복무기준으로도 프로이센군의 지휘부

---

52 샤른호르스트 사후에는 그의 오른팔 격인 그나이제나우를 자신의 참모장으로 임명해 대프랑스동맹전쟁에서 결정적인 역할을 했다.

는 현역으로 전투를 지휘할 수 없는 고령으로 구성되어 있었다.

프로이센군의 더 큰 문제는 지휘부는 물론, 전반적인 지휘관들이 고령이라는 사실이었다. 개전 초 프로이센군에 근무하던 142명의 장군 중의 4명은 80대였고, 13명은 70대, 62명은 60대였다. 결론적으로 프로이센군 장군의 55%가 60대 이상의 고령층이었다. 심지어 연대장과 대대장의 25%도 60대의 고령층이었다. 격렬한 전투지휘의 중압감을 감당하기에 프로이센군의 지휘부는 너무 노쇠했다. 프로이센군의 노령화는 고급 지휘관에게만 국한된 것은 아니었다. 소령 계급도 마찬가지였다. 프로이센군에 속해 있던 281명의 소령 중에서 50세 이상은 190명이었는데, 그중에 86명은 55세 이상이었다. 50세 미만의 소령은 91명에 불과했다.[53] 평균 수명이 월등히 증가한 현대의 군대를 비교해도 프로이센군의 고령화는 매우 심각했다. 양국 병력의 질적 차이에 앞서 양국의 지휘부 연령대로도 프로이센군은 프랑스군에 비해 현격한 취약점을 갖고 있었다.[54]

전쟁에 임하는 프랑스와 프로이센의 결정적 차이는 양국 최고사령관의 자질이었다. 프랑스 황제이자 최고사령관인 나폴레옹은 직접 군대를 이끌고 전장에 나섰으나, 프로이센 국왕인 프리드리히 빌헬름 3세는 브라운슈바이크 공작을 총사령관으로 임명하여 전쟁을

53 Francis Loraine Petre, 앞의 책, p. 42.

54 Cordon A. Craig, *The Politics of the Prussian Army, 1640-1945* (London: Oxford University, 1955), p. 26.

지휘하도록 했다. 그리고 프리드리히 빌헬름 3세는 후방에서 전쟁 수행에 대한 난상 토론만 벌일 뿐 아무것도 결심하지 않았다. 국왕 취임 이전에 군사학에 대한 교육을 제대로 받지 못한 프리드리히 빌헬름 3세는 막상 전쟁이 임박하자, 전쟁 경험이 있는 늙은 가신들의 입만 주목했다. 전쟁 수행을 위한 국왕의 최종결정은 통상 보수파와 혁신파와의 타협의 산물이었다. 현장에서 전쟁의 중요 국면을 결심하고 실행한 나폴레옹과 후방에서 난상 토론만 벌인 프리드리히 빌헬름 3세는 너무 많은 차이점이 있었다. 더군다나 토론의 산물이 수시로 측근의 조언에 따라 변화무쌍하게 바뀌는 프로이센 지도부의 현실은 이미 구조적인 취약점을 갖고 있었다.[55]

1806년 10월 5일, 나폴레옹은 프로이센군에 대한 전투개시 명령을 하달했다. 그리고 다음 날인 10월 6일, 프랑스군은 프로이센의 동맹국인 작센을 우선 침공했다. 동맹국인 작센이 프랑스군의 공격을 받자, 다음 날인 10월 7일, 프리드리히 빌헬름 3세는 나폴레옹에게 선전포고를 전달했다. 프랑스군이 공격을 개시하고서야 프로이센군은 프랑스군의 주력 배치를 통한 공격 방향을 인식하고, 이에 대응했다. 하지만 프로이센군이 효과적으로 대응하기에는 너무 늦었다. 프로이센이 프랑스에 정식 선전포고를 전달하자, 다음 날인 10월 8일, 프랑스도 프로이센에 선전포고와 동시에 프로이센 국경을 통과해 공격을 개시했다. 이로써 본격적인 제4차 대프랑스동맹

---

55 Jonathan R. White, 앞의 책, pp. 213~214.

전쟁이 시작되었다.

프로이센 국경을 통과한 프랑스군은 3개의 전투제대를 편성해 일일 평균 24km씩 진군했다. 프랑스군과 프로이센군의 최초 전투는 10월 10일, 잘펠트(Saalfeld)에서 발생했다. 프로이센군의 루트비히(Christian Friedrich Ludwig, 1772~1806) 왕자는 호헨로헤 공작이 지휘하는 부대의 선발대로서 작센군이 포함된 8,300명의 병력을 갖고 란 원수가 지휘하는 1만 2,800명의 프랑스군과 첫 전투를 벌였다. 첫 전투에서 34살의 젊은 루트비히 왕자는 프랑스군 기병대의 칼에 맞아 전사했다. 란 원수는 전투력의 우세와 지형의 이점을 활용하여 프로이센-작센 동맹군을 격퇴시킴으로써 프랑스군은 프로이센-작센 동맹군과의 전투에 자신감을 가지게 되었다. 지휘관을 잃은 프로이센-작센 동맹군은 900명이 전사하고, 1,800명이 포로로 잡혔으며, 33문의 대포를 프랑스군에 빼앗기고 말았다. 하지만 프랑스군의 전상자는 172명에 불과함으로써 서전을 압승으로 장식했다. 비록 패자인 프로이센-작센 동맹군의 피해가 과장되고, 승자인 프랑스군의 피해가 축소되었다 할지라도, 프랑스군의 피해는 프로이센-작센 동맹군의 피해에 비해 매우 경미했다. 잘펠트 전투에서의 프로이센-작센 동맹군의 패배는 향후 프로이센군의 운명을 예견하는 전투였으나, 실력에 과분한 명성을 가진 프로이센군은 이를 깨닫지 못했다.[56]

---

56   Michael Clodfelter, 앞의 책, p. 150.

전쟁의 향방을 가르는 프랑스군과 프로이센군의 결정적 전투는 10월 14일, 예나(Jena)와 아우어슈테트(Auerstedt)에서 발생했다. 프로이센군의 브라운슈바이크 공작은 230문의 대포로 무장한 6만 3,500명의 병력으로 아우어슈테트에 주둔한 다부 원수의 3군단을 공격했다. 하지만 2만 8,800명에 불과한 다부 원수의 3군단은 병력의 열세에도 불구하고, 프로이센군에 적극적으로 반격했다. 다부 원수의 맹공에 브라운슈바이크 공작은 관통상에 의한 중상을 입고, 지휘관을 잃은 프로이센군은 전의를 상실하고 말았다. 그리고 프로이센군의 총사령관인 브라운슈바이크 공작은 결국 상처가 악화하여 11월 10일에 전사하고 말았다. 브라운슈바이크 공작이 부상으로 전선에서 이탈하자 지휘관을 상실한 프로이센군은 소규모 부대로 분산되어 소모적인 개별전투를 수행한 끝에 결국 대패했다.

후방에서 이 광경을 지켜보던 프리드리히 빌헬름 3세는 브라운슈바이크 공작을 대신하여 묄렌도르프 원수에게 지휘권을 부여했으나, 이미 전선을 만회하기에는 너무 늦었다. 결국, 아우어슈테트 전투에서 프랑스군의 사상자는 7,000명에 불과했지만, 프로이센군은 사상자 12,000명, 포로 3,000명, 대포 115문을 상실하며 대패하고 말았다. 다부 원수는 여세를 몰아 전투 당일, 프로이센군의 지휘소로 쓰이던 아우어슈테트 성까지 점령했고, 승전의 대가로 나폴레옹에게서 아우어슈테트를 영지로 하사받았다.

예나에서는 나폴레옹이 직접 병력을 이끌고 전투를 지휘했다. 나폴레옹은 9만 6,000명의 병력으로 호헨로헤 공작이 이끄는 3만

8,000명의 프로이센군을 10월 14일 새벽에 기습 공격했다. 위기에 처한 호헨로헤 공작을 돕기 위해 15km 떨어진 지점에 있던 뤼헬 장군은 1만 5,000명의 병력으로 호헨로헤 공작을 지원하기 위해 예나로 이동했다. 하지만 뤼헬 장군의 병력은 오후에서야 전장에 도착해 전세를 만회하지는 못했다. 늦게나마 뤼헬 장군의 병력은 열심히 싸웠으나 결국 나폴레옹이 직접 지휘하는 프랑스군에게 패배하고 말았다.[57] 예나 전투에서 프랑스군은 6,000명의 사상자가 발생했지만, 프로이센군은 사상자 1만 명, 포로 1만 5,000명, 대포 100문을 상실하며 대패했다. 멀지 않은 두 도시에서 발생한 결정적 전투에서 총사령관이 중상을 입고 최종적으로는 전사하게 되는 패배를 경험한 프로이센군은 당황하기 시작했다. 나폴레옹은 예나 전투에서 전투를 직접 지휘하며 승리를 이끌었지만, 아우어슈테트 전투 현장에 있던 프리드리히 빌헬름 3세는 아무것도 하지 못한 채, 원로들에게 자신의 책임을 전가했다.

양국의 주력의 맞붙은 예나와 아우어슈테트 전투에서 참패한 프로이센군은 패전 이후 완전히 수세로 몰리면서 곳곳에서 붕괴하기 시작했다. 나폴레옹은 도처에서 무너지고 있는 프로이센군의 잔존 병력에 대해 추격대를 파견했다. 철저히 훈련된 프랑스군은 예나와 아우어슈테트 전투에서의 대승에 만족하지 않고, 프로이센군의 패잔병들을 섬멸하기 위해 빈틈을 주지 않았다. 프랑스군의 이런 전술

---

57   Alexander Mikaberidze, 앞의 책, p. 396.

은 기존의 전투에서는 볼 수 없었던 양상이었고, 프로이센군은 지속적으로 조여오는 프랑스군의 압박에 당황했다. 그 결과 프랑스군의 추격대에 의해 포로가 된 프로이센군은 예나와 아우어슈테트 전투에서의 사상자를 초월했다.

뮈라 원수는 패잔병들을 추격하기 위해 자신의 기병 예비대를 이끌고 에르푸르트(Erfurt) 요새로 진격했다. 마침 에르푸르트 요새에는 묄렌도르프 원수가 패잔병들을 이끌고 주둔 중이었다. 하지만 전투 중에 부상을 입고, 에르푸르트 요새에 대피한 묄렌도르프 원수는 이 작은 요새에서 프랑스군과 교전하는 것은 적절치 않다고 판단했다. 그래서 그는 전투보다는 퇴각을 결심하고, 10월 15일 오후에 요새를 떠났다. 이미 전투 공포와 피로에 지친 묄렌도르프 원수에게 적이 누군지는 중요하지 않았다. 프로이센군의 원로인 묄렌도르프 원수가 요새를 버리자, 요새에 주둔하던 잔류병력은 곧바로 프랑스군에게 항복했다. 항복과 동시에 요새에 주둔하던 1만 명의 프로이센군은 포로가 되었다.[58]

예나와 아우어슈테트 전투 3일 후인 10월 17일, 프랑스군 제1군단 예하 뒤퐁(Pierre Dupont, 1765~1840) 장군의 사단 병력 1만 6,600명은 할레(Halle)에서 마그데부르크(Magdeburg)로 이동 중인 뷔르템베르크(Württemberg) 공작인 루트비히(Eugen Friedrich Karl Paul Ludwig, 1788~1857)가 지휘하는 프로이센군 예비 병력 1만 3,000명

---

58 Francis Loraine Petre, 앞의 책, pp. 193~195.

프랑스군과 프로이센군의 첫 주력 결전이었던 예나와 아우어슈테트 전투에서 프로이센
군이 대패함으로써 전쟁의 주도권은 프랑스군으로 넘어갔다. 프로이센군은 각각의 부대
로 분리되어 무질서한 후퇴를 지속했고, 결국 프랑스군 기병대의 추격에 일방적으로 붕
괴할 수밖에 없었다. 이후 프로이센군의 조직적인 저항은 거의 사라졌다.

[사진 출처: Wikimedia Commons/Public Domain]

을 격파했다. 예나와 아우어슈테트에서의 참패 소식을 전해 들은 뷔르템베르크 공작은 전투에 앞서 이미 전투 의지를 상실하고 있었다. 결국, 프로이센군은 5,000명의 병력과 대포 11문을 상실하고 말았다. 이에 반해 프랑스군의 병력 손실은 800명으로 경미했다.[59]

프랑스군은 10월 25일, 프로이센의 수도 베를린을 함락시켰다. 전쟁이 발발한 지 20일도 되지 않은 시점이었다. 이미 프로이센군의 패색이 짙어지자, 나폴레옹은 본진과는 별도로 프로이센의 본궁인 상수시 궁전(Sanssouci Palace)이 있는 포츠담을 방문하여 평소에 자신이 존경하던 프리드리히 2세의 무덤을 먼저 참배했다.[60] 그리고 3일 뒤인 10월 27일, 나폴레옹은 화려한 개선식과 함께 베를린에 입성했다. 베를린이 함락되자, 프로이센 곳곳에서 저항하던 많은 프로이센군의 장군들과 요새들이 항복하기 시작했다.

10월 28일, 호헨로헤 공작이 베를린에서 북쪽으로 100km 떨어진 프렌츨라우(Prenzlau)에서 항복했다. 호헨로헤 공작의 항복으로 1

---

59 Michael Clodfelter, 앞의 책, p. 150.; Gregory Fremont-Barnes · Todd Fisher, 앞의 책, pp. 120~123.

60 나폴레옹은 프리드리히 2세가 1757년 11월 5일, 로스바흐 전투(Battle of Rossbach)에서 신속한 전투대형 전환과 기병대를 활용한 기습공격으로 프로이센군보다 2배가 넘는 병력을 보유한 프랑스와 신성로마제국 동맹군에게 괴멸적인 패배를 안긴 전례를 기억하고, 그에 대한 경외심을 갖고 있었다. 프랑스군은 예나와 아우어슈테트 전투에서 프로이센군에 대승을 거둠으로써 로스바흐 전투에서의 패배를 설욕했다. 이후 나폴레옹은 상수시 궁전에 안치된 프리드리히 2세의 무덤을 참배하며 부하들에게도 전쟁의 대가로서 예의를 갖출 것을 지시했다. 또한, 그는 프리드리히 2세가 생존했다면 자신은 여기에 올 수 없을 것이라며 최고의 존경심을 표시했다. 김장수, 『오스트리아 왕위계승 전쟁』 (성남: 북코리아, 2023), pp. 202~203.

나폴레옹이 프로이센에 선전포고한 지 한 달도 되지 않은 1806년 10월 27일, 나폴레옹은 화려한 개선식과 함께 베를린에 입성했다. 프리드리히 빌헬름 3세는 굴욕적으로 프로이센 동부 국경의 쾨니히스베르크로 대피해야 했다. 이후 나폴레옹은 베를린에 한 달여 동안 머무르며, 전후 국제질서인 영국에 대한 대륙봉쇄령을 구상하여 발표했다.

[사진 출처: Wikimedia Commons/Public Domain]

만 3,000명의 프로이센군이 포로가 되었다. 곧이어 11월 1일에는 퀴스트린(Küstrin) 요새가 항복했고, 11월 8일에는 2주간의 공방전 끝에 마그데부르크 요새도 항복했다. 그리고 11월 7일에는 프로이센군 저항의 구심점 역할을 하던 블뤼허 장군도 라카우(Rakau)에서 식량과 탄약 부족으로 결국 항복하고 말았다.[61] 이제 프로이센군에 남은 병력은 러시아군과의 연합을 위해 동부로 이동 중인 레스토크 장군과 단치히(Danzig)에서 고립되어 저항 중인 칼크로이트(Friedrich Adolf von Kalckreuth, 1737~1818) 장군만이 남았다.[62] 베를린이 나폴레옹에게 점령되자, 프리드리히 빌헬름 3세는 강화협상을 추진했지만, 나폴레옹의 가혹한 요구조건 제안으로 결국 협상은 무산되었다. 당시 나폴레옹이 제시한 협상 개시 조건은 다음과 같았다.

① 프로이센군은 비스와(Wisła)강 후방으로 철수한다.
② 프랑스군은 오스트리아 국경으로부터 부크(Bug)강 입구에 위치한 비스와강 우측 제방을 점령한다. 또한, 프랑스군은 슐레지엔(Schlesien), 브레슬라우(Breslau), 그워구프(Głogów), 웽치차(Łęczyca), 콜베르크(Colberg), 단치히, 그루지옹츠(Grudziądz), 토룬(Toruń)을 점령한다.
③ 동프로이센의 나머지 영역과 프로이센령 폴란드는 어느 한쪽의 일방적 지배를 받지는 않는다.
④ 프로이센 국왕은 양측의 강화협상이 진행되는 동안, 프로이센에서 러시아군이 철수하도록 해야 한다.

---

61 블뤼허 장군은 1807년 3월, 프로이센 저항군에 잡힌 프랑스 제10군단장 페랭(Claude Victor Perrin, 1764~1841) 장군과 포로 교환 형태로 풀려났다. Francis Loraine Petre, 앞의 책, p. 287.

62 Alexander Mikaberidze, 앞의 책, p. 398.

베를린 함락에 있어 연전연패를 거듭하던 프로이센군의 상황을 고려할 때, 프리드리히 빌헬름 3세는 나머지 협상 조건은 모두 수용할 수 있었으나, 마지막 4번만큼은 수용할 수 없었다. 기존 프로이센 영토의 대부분을 상실한 상태에서 프로이센군이 기댈 수 있는 유일한 희망은 러시아군뿐이었다. 하지만 프리드리히 빌헬름 3세의 입장에서 단순히 협상 개시를 위해 프로이센의 마지막 희망마저도 포기해야 하는 그런 조건만큼은 도저히 수용할 수 없었다. 나폴레옹은 전쟁 진행 과정에서도 러시아의 참전에 대비하여 프랑스 본국과 폴란드 및 프로이센 지역에서 지속적으로 신병을 충원하고 있었다. 특히 프로이센령 폴란드 주민들은 이 기회에 주권을 회복하고자 하는 일념으로 나폴레옹에게 협조하는 움직임마저 나타나기 시작했다. 하지만 프로이센군은 동프로이센 지역에서 신병을 충원하기가 거의 불가능한 상황이었다. 결국, 프리드리히 빌헬름 3세는 알렉산드르 1세의 지원에 마지막 희망을 걸고 나폴레옹의 협상 개시 조건을 거절했다.[63]

샤른호르스트는 브라운슈바이크 공작의 지휘부에서 쫓겨나 블뤼허 장군의 지휘부에 참여했다가 블뤼허 장군의 항복으로 같이 프랑스군의 포로가 되고 말았다. 그러나 몇 주 후에 포로 교환으로 풀려난 샤른호르스트는 프랑스군에 대한 저항을 지속하기 위해 마지막

---

63 Francis Loraine Petre, *Napoleon's Campaign in Poland, 1806-7* (London: The Bodley Head, 1907), pp. 64~65.

까지 프랑스에 저항 중인 레스토크 장군의 지휘부에 합류했다. 그리고 그는 레스토크 장군을 도와 프랑스군을 격퇴하기 위해 물심양면으로 노력했다. 샤른호르스트의 이 같은 충정 어린 행동은 프리드리히 빌헬름 3세를 깊이 감동시켰다. 그리고 프로이센의 전 국토가 유린되는 그 순간까지 포기하지 않고 최선을 다하는 샤른호르스트를 눈여겨본 프리드리히 빌헬름 3세는 전후 그를 중용했다.[64]

성대한 개선식과 함께 베를린에 입성한 나폴레옹은 11월 24일까지 베를린에 머무르면서 차후 전쟁 구상에 몰두했다.[65] 특히 나폴레옹은 유럽 국가 중에서 유일하게 프랑스에 고분고분하지 않았던 영국을 응징하기 위해 11월 21일, 유럽대륙의 국가와 영국과의 무역 거래를 금지하는 '베를린칙령(Berlin Decree)'을 발표함으로써 새로운 유럽의 질서를 정립하고자 했다. 베를린칙령에 기반을 둔 영국에 대한 대륙봉쇄령은 군사적 승리를 바탕으로 영국의 경제력을 약화시키는 것을 목적으로 했다. 또한, 대륙봉쇄령은 대륙 국가 간의 경제권역 형성을 통해 대륙 국가들의 경제를 성장시키고, 궁극적으로는 유럽대륙에서 프랑스를 중심으로 하는 패권을 공고히 하기 위함이었다.[66] 그러나 해양봉쇄를 위한 프랑스 해군력은 영국 해군력에 열

64 T. N. Dupuy, *A Genius for War: The German Army and General Staff, 1807-1945* (Englewood Cliffs, New Jersey: Prentice Hall, 1977), p. 20.

65 David Chandler, *Dictionary of The Napoleonic Wars* (Ware, Hertfordshire: Wordsworth, 1999), pp. 524~525.

66 Alexander Mikaberidze, 앞의 책, pp. 415~416.

세여서 대륙봉쇄령의 효과를 반감시켰고, 이에 따라 영국 경제에 결정적인 타격을 입히지는 못했다.

프리드리히 빌헬름 3세의 협상 개시 조건을 거부하고, 베를린에서 전열을 정비한 프랑스군이 11월 후반부터 남아있는 프로이센 동부로의 진군을 본격화했다. 그 결과 11월 28일, 과거 폴란드의 수도였던 바르샤바(Warszawa)가 함락되었다. 동부로 피신하던 프리드리히 빌헬름 3세는 12월 10일, 프로이센의 옛 수도인 쾨니히스베르크(Königsberg)에 도착했다. 하지만 그는 곧 방어에 용이한 쾨니히스베르크 북방의 메멜(Memel) 요새로 이동했다. 프리드리히 빌헬름 3세는 프로이센과 러시아의 실질적인 국경 지역까지 피신한 것이었다. 그에게 더는 물러날 곳이 없었다.

동부로 도피 중이던 프리드리히 빌헬름 3세는 연이은 패전과 프로이센군의 무기력한 대응에 분노했다. 초기 전투에서 프랑스군에 기세가 꺾인 프로이센군은 항전보다는 항복을 주로 선택했다. 참다 못한 프리드리히 빌헬름 3세는 12월 12일, '오르텔스부르크 선언(Declaration of Ortelsburg)'을 발표해 프로이센군의 저항 의지를 독려했다. 그는 선언을 통해 무기력하게 항복한 지휘관과 병사들을 질타하며 어떠한 이유에든 요새를 버리고 적에게 항복한 지휘관과 병사들은 물론, 이적행위를 한 일반 국민도 엄벌에 처할 것이라고 경고했다. 그리고 그는 프로이센 국민들의 항전 동기 부여 차원에서 공을 세운 자는 누구든지 장교로 승진시킬 것이라는 파격적인 보상도

제안했다.[67]

옛 폴란드 지역까지 진격한 나폴레옹은 프로이센과 러시아를 약화시키기 위해 프로이센과 러시아에 분리 병합된 폴란드인들의 독립 의지를 고취시켰다. 나폴레옹은 옛 폴란드를 복원시키겠다는 의사를 표명함에 따라 프로이센과 러시아의 통치를 받던 폴란드인들은 나폴레옹을 우호적인 인물로 인식하고 프랑스군에 협력하기 시작했다. 이에 따라 동부로 패주하던 프로이센군은 프랑스군의 공격에 대응함과 동시에 폴란드인들의 반란도 진압해야 하는 이중의 고통을 겪어야 했다. 그러나 나폴레옹의 이러한 조치는 프로이센에 또 다른 희망의 빛을 제공했다.

1805년 12월, 아우스터리츠 전투에서 오스트리아-러시아 동맹군이 나폴레옹에게 대패할 당시, 방관하던 프로이센에 불만을 품고 있던 알렉산드르 1세는 프리드리히 빌헬름 3세가 러시아와 인접한 국경 도시인 메멜까지 대피하는 상황을 지켜보고만 있었다. 알렉산드르 1세는 비밀 협정에도 불구하고 나폴레옹의 공격목표가 프로이센이 명확한 이상 굳이 러시아가 개입할 필요는 없다고 생각했다. 하지만 나폴레옹이 폴란드인들을 자극함으로써 프로이센 지역의 폴란드인뿐만 아니라, 러시아가 합병한 지역의 폴란드인들마저 반란의 기미가 보이자, 알렉산드르 1세는 결국 프로이센을 지원하기로 결심했다.

---

67   Christopher Clark, 앞의 책, p. 432.

나폴레옹은 베를린에서 재정비하며 러시아군은 물론 아직 저항 중인 일부 프로이센군과의 전투준비를 가속했다. 프랑스군은 재정비하는 동안 휴식을 취하며 전투물자를 비축했고, 그동안의 전투로 감소한 병력을 보충했다. 이를 위해 프랑스군은 기존 6개 군단에 나폴레옹의 막냇동생인 제롬(Jérôme Bonaparte, 1784~1860)의 9군단과 뮈라 원수의 기병 예비대에 1만 6,100명을 추가함으로써 보병 17만 2,000명, 기병 3만 6,000명으로 증강되었다. 여기에 네덜란드군 2만 명과 스페인군 1만 5,000명도 추가됨으로써 프랑스 연합군의 전체규모는 24만 3,000명에 달했다.

패망이 임박한 프로이센을 지원하기로 결심한 알렉산드르 1세는 카멘스키(Mikhail Kamensky, 1738~1809) 원수를 러시아군 총사령관으로 임명하여 베니히센(Levin August von Bennigsen, 1745~1826) 장군과 북스회브덴(Friedrich Wilhelm von Buxhoeveden, 1750~1811) 장군이 지휘하는 2개의 사령부를 통합지휘하도록 했다. 4개 사단으로 편성된 베니히센군은 4만 9,000명의 보병과 1만 1,000명의 러시아 기병, 4,000명의 카자크 기병, 276문의 대포를 운용할 2,700명의 포병, 900명의 공병까지 총 6만 7,600명의 병력으로 구성되었다. 한편 역시 4개 사단으로 편성된 북스회브덴군은 보병 3만 9,000명, 러시아 기병 7,000명, 216문을 대포를 운용하는 포병 1,200명까지 총 4만 7,200명의 병력으로 구성되었다. 여기에 동프로이센 지역에서 마지막까지 저항하던 최후의 프로이센군인 레스토크군 1만 5,000명을 추가하여 프로이센-러시아 동맹군은 12만 9,800명에 불과했다.

프랑스군과 러시아군의 첫 조우는 1806년 11월 28일, 러시아군 기병 정찰대가 비스와강을 넘어 바르샤바로 이동하던 중 블로니(Błonie)에서 우연히 이뤄졌다. 하지만 양국의 본격적인 첫 전투는 12월 22일, 나레프(Narew) 강변의 차르노보(Tscharnovo)에서 발생했다. 양측의 전초전 성격인 차르노보 전투에서 다부 원수가 지휘하는 프랑스군 8,500명이 야간을 틈타 러시아군을 기습 공격했다. 불의의 기습을 받은 1만 5,000명의 러시아군은 900명의 사상자와 500명의 포로를 남긴 채 황급히 철수했다. 프랑스군의 피해는 846명의 사상자에 불과해 러시아군에 비해 경미했다.

　프랑스군과 러시아군의 본격적인 전투는 4일 후인 12월 26일, 푸투스크(Pułtusk)와 골뤼민(Golymin)에서 이뤄졌다. 푸투스크에서는 2만 6,000명의 병력을 보유한 란 원수와 다부 원수가 지휘하는 프랑스군과 4만 600명의 러시아군이 교전했다. 교전 결과, 프랑스군은 3,350명의 사상자와 700명의 포로가 발생했고, 러시아군은 2,000명의 사상자와 1,500명의 포로가 발생했다. 골뤼민에서는 3만 8,200명의 병력을 보유한 오주로 원수와 다부 원수가 지휘하는 프랑스군과 1만 8,000명의 러시아군이 교전했다. 교전 결과, 러시아군은 전사 88명, 부상 489명, 실종 203명이 발생했고, 프랑스군은 500명의 사상자가 발생했다. 두 전투 모두 누구의 우세라고 말할 수 없는 비슷한 규모의 피해가 발생했다. 특히 혹한의 날씨에서 벌인 두 전투는 전투 결과를 떠나 양측 모두에게 상당한 비전투손실을 안겼다. 그래서 양측은 전투 결과에 만족하며, 일단은 1807년 1월 말까지 각자의 동계 주둔지로 복귀하여 재정비의 시간을 가졌다. 특히 알렉산드르 1세는 베니히센 장군이 프랑스군의 진격을 저지했다는 점에 큰 의미를 두고, 신경쇠약으로 조기에 사임한 카멘스키 원수를 대신하여 베니히센 장군을 러시아군 총사령관으로 임명했다. 재정비 기간에도 양측은 소규모 기병대를 통한 정찰 및 교전은 지속했다.

한 달여간의 재정비 시간을 가진 프랑스군과 러시아군은 2월 8일, 쾨니히스베르크 인근의 아일라우(Eylau)에서 충돌했다. 나폴레옹은 새벽부터 4만 4,500명의 병력과 200문의 대포로 베니히센군을 공격했다. 나폴레옹에 교전 중인 베니히센군은 6만 7,000명의 병력을 보유하고 있었고, 대포는 프랑스군의 2배나 되는 400문을 보유하고 있었다. 이틀 동안 양측은 눈보라가 몰아치는 전형적인 동계의 악조건 속에서 치열한 접전을 벌였다. 혹한의 악기상으로 인해 양측 모두 전투력을 충분히 발휘하기 어려웠다. 그러나 양측 모두 결정적인 승패를 가리지 못한 가운데 프랑스군의 기병 돌격에 기세가 꺾인 베니히센군이 철수하면서 전투는 자연스럽게 종료되었다. 훗날 나폴레옹은 아일라우 전투를 회상하며 전투에서의 승리는 결국 강한 의지를 끝까지 유지한 편이 가져가는 것이라고 언급하기도 했다.

아일라우 전투에는 포로 교환으로 풀려난 샤른호르스트가 레스토크 장군의 참모장으로 9,000명의 프로이센군으로 러시아군을 지원함으로써 러시아군의 결정적인 패배를 막는 데에 기여했다. 아일라우 전투를 통해 프랑스군은 2만 5,000명의 사상자와 1,200명의 포로가 발생했고, 러시아군은 1만 8,000명의 사상자와 2,500명의 포로가 발생했다. 양측 모두 확실한 전투의 우위를 확보하지 못하고, 막대한 피해만을 남긴 채 전투는 종료되었다. 그리고 양측은 전투에서의 대량 피해를 복구하기 위해 일단은 동계 숙영지로 이동하여 병력을 재정비했다. 이틀간의 격렬한 전투로 전투물자가 바닥난 러시아군은 추가적인 보급을 위해 후방으로 철수했다. 프랑스군도 전투 피해를 정비하기 위한 재편성이 불가피했다.

아일라우 전투 이후, 프랑스군과 러시아군은 산발적인 전투와 정비를 병행했다. 산발적인 소규모 전투를 지속하던 프랑스군과 러시아군의 최종적인 전투는 6월 14일, 프리틀란트(Freidland)에서 발생했다. 베니히센 장군이 지휘하는 러시아군 6만 명이 프리틀란트에 주둔하던 란 원수의 군단 2만 6,000명을 공격했다. 압도적인 병력의 우세로 베니히센 장군은 러시아군이 쉽게 프랑스군을 격퇴할 수 있을 것으로 생각했으나, 상황을 인지한 나폴레옹이 즉시 프랑스군 3개 군단을 지원하도록 함으로써 러시아군은 결국 후퇴할 수밖에 없었다. 전투 결과, 러시아군은 전사 6,000명, 부상 7,000명, 대포 손실 80문의 피해를 입었고, 프랑스군은 전사 1,372명, 부상 9,108명, 포로 55명이 발생했다.[68]

프리틀란트 전투에서의 패배로 러시아군과 프로이센군 모두 더 이상 전쟁을 지속할 의지를 상실하고 말았다. 알렉산드르 1세는 나폴레옹과 여러 차례 전투를 벌였지만, 어느 전투에서도 확실한 승리

---

68 Michael Clodfelter, 앞의 책, pp. 150~151.

를 가져오지는 못했다. 프로이센을 목표로 한 제4차 대프랑스동맹 전쟁에서 프로이센군은 나폴레옹에 의해 거의 괴멸된 상태였다. 러시아가 전쟁을 지속한다면 이는 전적으로 러시아가 모든 책임을 져야 하는 상황이었다. 알렉산드르 1세는 현실적인 입장에서 러시아가 굳이 프로이센을 위해 프랑스를 적대시하며 러시아군을 계속 희생시키면서까지 전쟁을 지속해야 하는지에 대해 회의적인 시각을 가지게 되었다.

프리틀란트 전투 이후 거세어진 프랑스군의 압박에 쾨니히스베르크를 방어하던 레스토크 장군도 도시를 포기하고 철수했다. 결국, 6월 16일, 프랑스군은 프로이센의 옛 수도인 쾨니히스베르크를 점령함으로써, 프로이센군의 실질적인 저항은 종식되었다. 마침내 알렉산드르 1세도 더 이상 전쟁을 통한 문제해결이 곤란하다고 인식하고, 강화협상을 통한 전쟁 종결로 입장을 바꾸었다. 그래서 6월 19일, 알렉산드르 1세는 강화협상을 위한 사절단을 틸지트(Tilsit)에 머무르고 있는 나폴레옹에게 보냈다.

프랑스와 러시아와의 강화협상은 6월 25일부터 니멘(Niemen)강에 설치한 임시 회담장에서 시작되었다. 나폴레옹은 양측의 중립지대인 강 중앙에 임시 회담장을 설치함으로써 러시아를 최대한 존중한다는 자세를 취했다. 나폴레옹이 시작한 전쟁의 목적은 프로이센을 응징하기 위함이지, 러시아와의 전쟁까지 염두에 둔 것은 아니었다. 더군다나 나폴레옹은 영국에 대한 해상봉쇄를 위해 러시아의 전면적인 협력이 필요한 상황에서 러시아를 적으로 만들고 싶어 하지는 않았다. 나폴레옹의 이러한 입장을 간파한 알렉산드르 1세도 나폴레옹과의 첫 대면에서 영국에 대한 적개심을 공공연히 표출함으로써 나폴레옹의 우호적인 입장을 유도했다. 그래서 나폴레옹과 알렉산드르 1세 간의 강화협상은 비교적 우호적인 분위기 속에서 큰 쟁점 없이 진행되었다. 물론 전 국토를 유린당한 프리드리히 빌헬름 3세는 협상장에 들어가지도 못했고, 협상장 옆에서 대기해야 했다. 그는 오로지 나폴레옹의 선처를 바라는 심정으로 초조하게 프랑스와 러시아 간의 협상 결과를 지켜볼 수밖에 없었다.

강화협상 2일 차인 6월 26일에서야 프리드리히 빌헬름 3세는 임시 회담장에 입장할 수 있었다. 하지만 프리드리히 빌헬름 3세는 나폴레옹에게 동등한 협상 대상자가 아니었고, 일종의 배석자 같은 역할밖에 할 수 없었다. 그는 두 황제의 대화를 옆에서 잠자코 듣고 있어야만 했다. 나폴레옹은 프로이센의 최후통첩에 대한 답장에서 밝혔듯이 그를 일국의 군주라기보다는 신하를 대하듯이 냉담하게 대했다. 나폴레옹은 프리드리히 빌헬름 3세가 전쟁 기간 동안 저지른 과오와 실책에 대해서 조목조목 따지며 비판했다. 하지만 프리드리히 빌헬름 3세는 자신의 지위가 불안정한 상태에서 아무 반박도 할 수 없었다.[69] 결국, 틸지트에서의 기억은 프리드리히 빌헬름 3세에게 심각한 트라우마로 남았으며, 그는 나폴레옹에게 압도되어 더 이상 그의 말을 거부할 수 없었다. 동시에 그는 자신을 이런 극단적인

69   Christopher Clark, 앞의 책, pp. 425~427.

상황으로 몰고 간 측근들에게 깊은 배신감과 분노를 느꼈다.

　나폴레옹과 알렉산드르 1세 간의 강화협상은 비교적 쉽게 합의에 도달했다. 이는 나폴레옹이 러시아에 대해 전쟁에 대한 경제적 보상이나, 영토 할양 같은 민감한 조건을 내세우지 않았기 때문이었다. 영국에 대한 반감으로 쉽게 공감대로 형성된 나폴레옹과 알렉산드르 1세는 유럽대륙의 세력권을 각자 양분했다. 알렉산드르 1세는 라인동맹에 대한 프랑스의 종주권을 인정하고, 나폴레옹 형제들의 주변 국가에 대한 통치권도 수용했다. 그리고 그는 결정적으로 러시아의 개입 원인이었던 프로이센이 지배하던 옛 폴란드 영토를 바르샤바 대공국으로 분리하는 제안에도 동의했다. 이에 대해 나폴레옹은 스웨덴이 지배하던 핀란드에 대한 러시아의 우월적 지위를 인정하고, 러시아와 오스만제국의 강화협상을 중재하되, 러시아의 입장을 충분히 반영하기로 약속했다. 나폴레옹은 사실상 러시아가 지중해로 진출하기 위해 거쳐야 하는 출입구를 관할하는 오스만제국에 영향력을 행사하는 것을 묵인하기로 동의한 것이다.

　양국의 공통 관심사이던 영국에 대해서는 러시아가 프랑스와 영국의 강화협상을 중재하기로 했다. 그리고 러시아의 중재에도 불구하고 11월 1일까지 만족할 만한 협상안이 도출되지 않는다면, 러시아도 영국에 선전포고하고 나폴레옹의 대륙봉쇄령에 적극적으로 협조하기로 약속했다. 이렇듯 프랑스와 러시아의 강화협상은 우호적인 분위기 속에서 큰 이견 없이 원만하게 진행되었다. 역설적으로 전쟁의 원인을 제공했던 프로이센에 대한 전후처리는 프랑스와 러

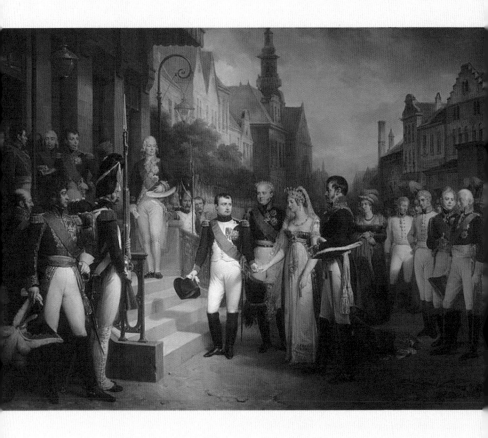

나폴레옹과 알렉산드르 1세는 틸지트에서 강화협상에 돌입했다. 프랑스와 러시아와의 협상은 원만하게 진행되었으나, 프리드리히 빌헬름 3세는 나폴레옹의 모욕을 감수해야 했다. 프로이센의 루이제 왕비도 프로이센을 위해 외교적으로 노력했으나, 큰 성과는 없었다. 나폴레옹은 의도적으로 프로이센 국왕 부부에게 외교적인 굴욕을 강요했다. 하지만 군주의 지위를 보장받기 위해 프리드리히 빌헬름 3세가 할 수 있는 일은 나폴레옹의 선처를 바라며, 그의 요구에 동의하는 것뿐이었다.

[사진 출처: Wikimedia Commons/Public Domain]

시아의 주된 협상의제가 아니었다.[70]

프랑스와 러시아 간의 전후처리를 담은 1차 틸지트 조약(Treaty of Tilsit)은 7월 7일에 체결되었다. 프랑스와 프로이센 간의 전후처리를 담은 2차 틸지트 조약은 7월 9일에 체결되었다. 프랑스와 프로이센 간의 틸지트 조약은 엄밀히 말해 협의를 통해 작성된 것이 아니라, 나폴레옹이 일방적으로 요구하는 조건을 프리드리히 빌헬름 3세가 동의한 것에 불과했다. 프리드리히 빌헬름 3세는 프로이센의 통치권을 상실할 수도 있다는 불안감에 나폴레옹의 요구조건을 무조건 수용할 수밖에 없었다. 조약 체결에 따른 후속 조치의 진행은 신속하게 처리되었다. 프랑스와 프로이센 간의 틸지트 조약 비준서는 조약 체결 3일 만인 7월 12일에 쾨니히스베르크에서 교환되었다.

나폴레옹이 프로이센에 요구한 조건은 프리드리히 빌헬름 3세가 상상한 이상이었다. 프로이센은 전쟁의 핵심 원인이었던 라인동맹을 공식적으로 인정하고, 나폴레옹이 베를린칙령으로 선포한 대륙봉쇄령에 동참해야 했다. 그러나 프리드리히 빌헬름 3세가 감수해야 할 더 심한 굴욕적인 조치는 프로이센 영토를 실질적인 프리드리히 2세 이전 시절로 되돌리는 조치였다. 18세기 초반만 하더라도 유럽은 영국, 프랑스, 오스트리아, 러시아의 4강 체제였으나, 18세기 후반의 유럽은 프리드리히 2세의 공적으로 영국, 프랑스, 오스트리아, 러시아의 4강 체제에 프로이센이 추가되어 5강 체제로 전환되

70　Alexander Mikaberidze, 앞의 책, pp. 405~406.

었다. 하지만 이젠 프로이센은 강대국의 지위를 박탈당하는 순간을 맞이하게 된 것이다.

프랑스와의 전쟁 이전에 프로이센의 영토 면적은 314,448km^2이었지만, 틸지트 조약을 통해 프로이센의 영토 면적은 158,008km^2로 축소되었다. 기존 영토의 절반을 상실한 것이었다. 또한, 영토의 축소는 자연스럽게 전체 인구의 감소도 가져왔다. 프로이센의 인구는 하루아침에 1,000만 명에서 460만 명으로 축소되었다. 프로이센의 행정구역도 23개의 주에서 최종적으로 8개만 유지할 수 있었다.[71] 심지어 프로이센은 개전 초기 동맹국이었다가 적대적으로 변심한 작센에도 코트부스(Cottbus)를 양도해야 했다.

패전의 대가로 프로이센은 북쪽을 제외한 삼면이 프랑스의 동맹국으로 포위되어 지정학적으로 완벽히 고립되었다. 즉 동쪽으로는 프로이센의 영토에서 나폴레옹이 분리하여 독립시킨 바르샤바 대공국, 서쪽으로는 나폴레옹이 프랑스의 위성국으로 신설한 베스트팔렌, 남쪽으로는 프로이센의 동맹국에서 적대국으로 변심한 작센에 포위된 형국이 되고 말았다. 프리드리히 빌헬름 3세에게는 선대 국왕인 프리드리히 2세의 업적을 한순간에 반납해야 하는 가혹한 조건이었지만, 군주의 지위를 유지[72]하기 위해서 나폴레옹이 요구하

---

71 Karen Hagemann, "Occupation, Mobilization, and Politics: The Anti-Napoleonic Wars in Prussian Experience, Memory, and Historiography" Central European History, Vol. 39, No. 4(December, 2006), pp. 587~588.

72 나폴레옹은 훗날 프리드리히 빌헬름 3세를 강제적으로 퇴위시키지 않았던 것을 후회했

는 조건을 모두 수용해야만 했다. 프로이센을 위해 전쟁에 참전했던 알렉산드르 1세도 국익을 위해 프로이센의 굴욕을 모른척했다.

틸지트 조약은 프로이센의 굴욕을 알리는 출발점에 불과했다. 틸지트 조약에서 구체화되지 않은 추가 사항에 대한 논의가 파리에서 지속되었다. 물론 프랑스와 프로이센 간의 협의라기보다는 프랑스의 일방적인 요구에 대한 프로이센의 수용 의사를 확인하는 자리에 불과했다. 완벽한 불평등 협상이었다. 프로이센이 할 수 있는 일이라고는 프랑스의 요구사항을 가능한 최소화하는 일뿐이었다. 하지만 그조차도 프랑스의 완강한 의지에 번번이 외교적인 굴욕을 감수해야 했다. 특히 왕권 유지가 위태로운 프리드리히 빌헬름 3세는 완전히 나폴레옹에게 굴종적인 자세를 취했다.

1808년 9월 8일, 프로이센에 대한 프랑스의 추가적인 요구사항이 담긴 파리 조약(Treaty of Paris)이 체결되었다. 프로이센은 전쟁배상금으로 조약 체결 3년 안에 1억 2천만 프랑을 프랑스에 지불해야 했고, 프랑스군의 기동 여건 개선을 위해 9개의 군사 도로도 추가 건설해야 했다. 또한, 전쟁배상금의 조기 정산을 압박하기 위한 프

다. 그는 틸지트 조약 체결 당시 프랑스가 프로이센을 합병하지 않는다면, 알렉산드르 1세도 프리드리히 빌헬름 3세의 퇴위에 반대하지 않을 것으로 생각했다. 실제 러시아 내에도 나폴레옹의 뛰어난 군사적 성과에 감탄하여 프로이센을 보호하기 위해 프랑스를 적으로 만들고 싶어 하지 않는 친프랑스파들도 많이 있었다. 결국, 러시아군이 프랑스군에 대한 확실한 군사적 우위를 유지하는 것이 불가능해지자, 러시아 내의 친프랑스파들은 국왕에게 강화협상을 압박했다. 러시아 내의 친프랑스파의 득세는 알렉산드르 1세가 강화협상 체결로 전쟁을 종결짓도록 결심하는 데에 큰 영향을 주었다. Andrew Roberts, 앞의 책, p. 698.

틸지트 조약 전후의 프로이센 영토(1807)

랑스군의 주둔[73]을 허용하고, 프랑스군에게 슈테틴(Stettin), 그위구프, 퀴스트린의 3개 요새를 양도해야 했다. 이 3개의 요새는 프로이센군의 방어에 핵심적인 요새였다. 이러한 전략적 거점을 프랑스군에게 양도함에 따라 프로이센은 프랑스군에 완벽한 무방비 상태가 되었다. 물론 프랑스군 주둔에 소요되는 비용은 프로이센 정부가 별도로 준비해야 했다. 하지만 이런 경제적 부담보다 프로이센을 더욱 비참하게 만든 사항은 프로이센군에 대한 병력 규모 통제였다.

파리 조약에 따라 프로이센은 향후 10년 동안 전체 병력 규모를 4만 2,000명으로 제한해야 했다. 세부 내용은 다음의 〈표 4〉와 같다. 개전 이전의 프로이센군이 25만 4,000명이었던 점을 고려할 때, 프로이센군은 최초 병력의 16.5% 수준의 병력으로 감축된 것이다. 이에 따라 프로이센군은 많은 현역병들을 강제 전역시켜야 했다. 물론 이들은 훗날 프로이센의 대프랑스동맹전쟁에 다시 현역병으로 참전했다. 프로이센은 정규군 4만 2,000명 이외의 민병대나 기타 준군사 성격을 갖는 일체의 조직을 보유할 수 없었고, 프로이센군의 모든 전쟁 준비 활동도 금지되었다. 프로이센군의 4만 2,000명 병력이 국방의 임무를 수행하는 것은 불가능했다. 그들은 오로지 경찰과 같은 국내 치안유지 활동만 가능했다. 프로이센군은 정상적인 국가의 군대라고 부를 수 없는 상황이 되었다. 또한, 프랑스가 오스트

---

73   프랑스 주둔군은 1808년 9월 8일, 파리 조약을 통해 배상금 규모가 확정됨에 따라 1808년 12월 5일까지 프로이센에 주둔했다. 임종대, 앞의 책, pp. 243~244.

리아와 전쟁에 돌입할 경우, 프로이센은 프랑스를 지원하기 위한 1만 6,000명의 병력도 파병해야 했다.[74] 프로이센군의 모든 군사 활동은 프랑스 대표단의 철저한 감시를 받았다.

〈표 4〉 프로이센군 정원 현황(1808년 9월 기준)[75]

총 계	야 전 부 대				근 위 대
	보 병	기 병	포 병	소 계	
42,000명	22,000명	8,000명	6,000명	36,000명	6,000명

프리드리히 빌헬름 3세는 나폴레옹을 우습게 본 대가를 혹독하게 치렀다. 국왕 본인의 치욕뿐만 아니라, 프로이센이라는 국가 자체가 프랑스의 속국으로 전락하고 말았다. 더군다나 파리 조약에 따라 프로이센 주요 군사 거점에 주둔한 15만 명의 프랑스군을 지원하기 위해 프로이센이 추가로 부담해야 할 경제적 부담도 매우 컸다. 프로이센 정부는 프랑스군의 주둔지와 그들을 위한 편의 시설은 물론 수시로 전달되는 프랑스군의 요구사항을 모두 충족시켜 주어야 했다. 프랑스군의 횡포로 직접 고통받는 이들은 프로이센의 일반 국민이었다. 하지만 프로이센 정부는 이러한 암울한 현실을 극복할 능력

---

74   Edwin L. James, "Prussia's Evasion of Reparations in 1812–A Historic Parallel" Current History, Vol. 20, No. 3(June, 1924), pp. 443~444.

75   George F. Nafziger, *The Prussian Army 1792-1815 Vol. I* (West Chester, Ohio: Nafziger Collection, 1996), p. 3.

이 없었다.

프로이센이 실질적인 프랑스의 속국으로 전락한 1807년부터 1812년까지, 프로이센의 국가 수입은 전쟁 이전의 절반에 불과했다. 이는 당연한 결과였다. 영토와 인구가 전쟁 이전의 절반에 불과했기 때문에 국가 수입도 급감할 수밖에 없었다. 1807년부터 다음 해인 1808년까지의 프로이센 정부의 재정 수입은 1억 5,000만 탈러였다. 하지만 프로이센 정부가 지출해야 할 예산은 2억 8,100만 탈러에 달했다. 수입과 대비하여 87%나 초과하는 지출액이었다. 예산 지출액 중에서 국방비는 1억 6,600만 탈러로 지출의 59%에 달했다. 패전 이후에 시작된 예산의 불균형은 이후 10여 년 동안 지속되었고, 프로이센 정부는 재정 지출을 극도로 긴축할 수밖에 없었다. 극심한 재정난에 따라 공공지출은 억제되었고, 이에 따라 많은 수의 공무원이 해임되었을 뿐만 아니라, 현직에 종사하는 공무원의 월급도 제대로 지급할 수 없었다. 당시로서는 경제적으로 비교적 안정적인 직업인 공무원의 일상이 이렇게 붕괴하자, 일반 국민들의 고통은 이루 말할 수 없었다.

15만 명에 달하는 프랑스군의 주둔비용은 프로이센 정부에 심각한 압박으로 다가왔다. 단적으로 1806년부터 1808년까지 베를린에 주둔하는 1만 5,000명의 프랑스군을 지원하기 위해 프로이센 정부는 1,510만 탈러를 지출해야 했다. 프랑스군의 주둔을 위한 비용의 상당 부분은 해당 지역의 거주민들이 감당해야 했는데, 당시 베를린에 거주하던 14만 5,900명이 인구의 10%에 달하는 프랑스군 주둔

비용을 감당해야 했다. 프랑스 주둔군을 위해 많은 주민이 주택과 식량 같은 개인 재산을 강제 압류당했으며, 전쟁 이후의 대량 해고와 기근으로 주민들의 고통과 불만은 극에 달했다. 프랑스 주둔군의 범죄와 횡포 또한 고스란히 주민들의 몫이었다.

개전 초기만 하더라도 프로이센의 지배층을 제외한 농촌 지역의 일반 농민들은 프랑스군에 그렇게 적대적이지 않았다. 프랑스군이 베를린에 입성할 때 환영하는 이들도 있었다. 그동안 귀족 계층의 각종 부역에 시달리던 일반 농민들은 프랑스혁명의 기본 이념인 자유, 평등, 우애가 그들에게 좀 더 나은 삶을 제공할 수 있을 것으로 생각하기도 했다. 프로이센 지도부의 인식과 달리 프랑스에 호의적인 농민들의 반응에 프로이센 지도부는 상당한 충격을 받기도 했다. 하지만 패전 이후, 프랑스군의 범죄와 횡포에 의한 고난의 시기는 프랑스에 대한 프로이센 전체 국민의 적대심과 애국심[76]을 자연스럽게 고취시켰다.[77] 그리고 프로이센 지도부뿐만 아니라 전체 국민의 공통된 반프랑스 정서는 나폴레옹 전쟁 기간 내내 프로이센을 애국심으로 단합하도록 하는 결정적 동인을 제공했다.

---

76 프랑스의 속국으로 전락한 프로이센의 참담한 현실을 극복하기 위해 당시 유명한 철학자였던 피히테(Johann Gottlieb Fichte, 1762~1814)는 1807년 12월부터 1808년 4월까지 매주 일요일 저녁에 베를린 학술원에서 '독일 국민에게 고함(Reden an die Deutsche Nation)'이라는 유명한 강연을 통해 프로이센 국민들의 애국심과 독일 민족으로서의 민족주의를 고취하는 데 중요한 역할을 했다. 당시는 프랑스군이 베를린에 주둔하던 시절이어서 피히테는 생명의 위협을 감수하고 정기적인 공개 강연을 강행했다.

77 Karen Hagemann, 앞의 글, pp. 589~591.

프리드리히 빌헬름 3세도 온전한 국왕의 지위를 누리지 못했다. 프랑스 주둔군과는 별도로 나폴레옹은 자신의 대리인인 감독관을 프로이센에 상주시킴으로써 프로이센 내부의 국정 상황은 고스란히 나폴레옹에게 보고되었다. 따라서 프로이센 정부 내에서는 누구도 나폴레옹에 반하는 얘기를 공개적으로 할 수 없었으며, 반프랑스 성향이라고 판단되는 각료나 장군들은 즉각적인 나폴레옹의 해임 압박을 받게 되었다. 그리고 프리드리히 빌헬름 3세는 프랑스에서 요구하는 인사 제안을 거부할 수 없었다.[78]

3. 프로이센군 재건을 위한 군사혁신의 추진

틸지트 조약으로 생명의 위협은 물론 씻을 수 없는 굴욕감을 느낀 프리드리히 빌헬름 3세는 프로이센의 근본적인 구조적 혁신의 필요성을 자각했다. 또한, 그는 자신의 잘못된 판단에 일조한 원로 귀족들과 장군들에게 깊은 실망감과 분노를 느꼈다. 특히 그는 나폴레옹의 선전포고에 과거 자신들의 전쟁 경험을 내세우며 국왕을 안심시킨 것도 모자라, 전투 현장에서는 무능력한 지휘로 패전을 거듭하고, 심지어 도주하거나 제대로 싸워보지도 않고 항복하는 장군들을 지켜보며 변화의 필요성을 느끼기 시작했다. 선대 국왕들이 차곡

---

78 Peter Paret, *Yorck and the Era of Prussian Reform, 1807-1815* (Princeton: Princeton University Press, 1966), p. 115.

차곡 쌓아 온 업적을 하루아침에 물거품으로 만들어 버린 수치심을 느낀 프리드리히 빌헬름 3세는 프로이센이 처한 냉엄한 현실을 자각하고, 현 상황을 타파할 방안을 모색하기 시작했다.

틸지트 조약의 체결 직후, 프리드리히 빌헬름 3세는 프로이센군이 보인 졸전을 복기하여 그에 대한 책임소재를 가리고, 향후 프로이센군이 받아들여야 할 혁신안을 모색하고자 했다. 이를 위해 그는 1807년 7월 25일, 군사재조직위원회(Military Reorganization Commission)을 설립했다. 그리고 그는 샤른호르스트를 대령에서 소장으로 진급시켜 위원장으로 임명했다. 프리드리히 빌헬름 3세는 샤른호르스트야말로 이 임무에 가장 적합한 인물이라고 생각했다. 전쟁 이전까지만 해도 샤른호르스트는 프로이센군의 유능한 대령에 불과했는데, 이제는 국왕의 전폭적인 신임 아래 프로이센군의 패전 책임 규명과 재건을 위한 군사혁신 추진의 핵심인물로 급격하게 부각된 것이다.

샤른호르스트가 군사재조직위원장으로 전격 발탁된 것은 프로이센군으로의 이적 직후부터 프로이센군의 다양한 혁신 방안을 건의했고, 프랑스와의 전쟁이 가시화된 시점부터는 프로이센군의 역량을 고려하여 공세적인 대응을 일관되게 주장했다는 점이었다. 물론 샤른호르스트의 작전적 개념이 프로이센군 원로들의 반대로 수용되지는 않았지만, 프리드리히 빌헬름 3세는 무기력하게 대응하다 패배하거나 항복한 장군들에 비하면 공세적 개념을 주장한 샤른호르스트가 훨씬 더 우수한 장교라고 생각했다. 또한, 샤른호르스트는 라카우에서 블뤼허 장군과 항복함으로써 포로 신분에 처했으나, 포로 석방 이후에 다시 레스토크 장군과 합류하여 마지막까지 프랑스군에 저항한 그의 공적을 인정받았기 때문이었다. 그의 임명에 대해서는 보수파도 더 이상 반대할 명분이 없었다.

프리드리히 빌헬름 3세는 군사재조직위원회의 주요 활동 영역을 19가지로 정리해 지침을 주었다. 그가 위원회에 프랑스와의 전쟁 당시 주요 지휘관의 지휘 조치에 대한 평가와 처벌을 우선으로 확인하도록 지시했다. 그 외에도 프리드리히 빌헬름 3세는 프로이센군의 혁신을 위해 진급 방법의 개선, 부유한 평민 출신 장교의 확대, 보병과 기병의 편제 개선, 모든 병과가 포함된 사단과 군단 편제의 상설화, 전투에 적합한 실용적인 군복 도입, 중대급 지휘관의 현물 구매권 폐지를 포함한 국방예산의 효율적 운용 방안, 병과별 적정 비율 등을 검토할 것을 지시했다.[79]

프리드리히 빌헬름 3세가 샤른호르스트에게 부여한 임무는 크게 2가지로 구분할 수 있다. 첫째는 프랑스와의 전쟁 과정에서 개별 지휘관들의 전투지휘에 대한 엄정한 평가를 지시했다. 개전 직전까지만 해도 프리드리히 빌헬름 3세는 과거 프리드리히 2세가 구축해 놓은 프로이센군에 대한 믿음이 있었다. 하지만 막상 전쟁에서 보여준 프로이센군의 전투 수행능력은 매우 실망스러웠다. 그래서 그는 군사 지휘관들이 자신을 기만했다고 생각했고, 이번 기회에 장교단

79   Peter Paret, 앞의 책, p. 123.

의 기강을 바로잡고자 했다. 국왕의 지시에 따라 샤른호르스트는 즉 결조사위원회를 구성하여 모든 전투에서 대대장급 이상의 지휘관이 보고한 작전 상황도를 분석하여 책임 여부를 분석했다.

둘째는 프로이센군을 과거와 같이 자랑스러운 군대로 재건하기 위한 군사혁신 구상을 제시할 것을 요구했다. 프리드리히 빌헬름 3세에게 군사혁신 구상 제안은 부가적인 임무였다. 하지만 샤른호르스트는 두 번째 임무가 더 중요하다고 생각했다. 그동안 군사 원로들의 보수적 행태에 가로막혀 자신의 혁신 제안이 전혀 국왕에게 받아들여지지 않았는데, 샤른호르스트는 지금이야말로 프로이센의 군사혁신을 단행할 절호의 기회라고 생각했다. 더군다나 그동안 우유부단한 행태를 보여 온 국왕이 이번만큼은 단호한 입장을 표명함에 따라 샤른호르스트는 국왕의 신임 아래 군사혁신을 본격적으로 추진했다. 샤른호르스트는 군사혁신에 대한 국왕의 지지가 그리 오래 지속되지 않을 것으로 생각했다. 그래서 그는 그동안 구상했던 여러 군사혁신 방안을 신속하게 도입하고, 입법화를 통한 제도화를 추진했다.

샤른호르스트는 위원회의 본격적인 활동에 앞서 자신을 도와 군사혁신을 추진할 인물들을 발탁했다. 특히 그는 과거 자신이 베를린 군사학교에 근무하면서 눈여겨보거나, 군사협회 활동을 통해 자신과 군사혁신에 대한 비전을 공유할 수 있다고 판단된 인물들을 위원으로 선발했다. 샤른호르스트와 군사혁신을 같이 할 대표적인 4인방은 그나이제나우(August von Gneisenau, 1760~1831) 중령, 보이엔

(Hermann von Boyen, 1771~1848) 소령, 그롤만 소령, 클라우제비츠 대위였다. 그리고 군사협회 활동 때부터 샤른호르스트와 안면이 있던 슈타인도 정부 차원에서 샤른호르스트를 적극적으로 도왔다.

슈타인은 프로이센이 프랑스의 속국과 같은 처지에서 벗어나려면 프로이센도 중요한 정치적 변화를 감수해야 한다고 생각했다. 그는 독일인들을 통합하고, 민주주의의 도입을 통해 구조적인 사회 변화의 동기를 제공해야 한다고 주장했다. 슈타인은 미국이나 프랑스의 사례를 통해 국가가 개인의 기본권을 보장해 줄 때, 국민이 국가의 위기 상황에 어떻게 대응하는지를 목도하며, 프로이센도 군주제 폐지보다는 영국과 같은 입헌군주제의 도입을 검토해야 한다고 생각했다. 당연히 국왕과 원로 측근들은 슈타인을 공개적으로 비판하며 격렬하게 반대했다. 슈타인은 정치혁신을 통해 샤른호르스트의 군사혁신을 지원했다.[80]

정치혁신을 넘어 일반 국민을 대상으로 하는 슈타인의 사회혁신은 1807년 10월 9일에 발표된 '10월 칙령(*Oktoberedikt*)'으로 구체화되었다. 10월 칙령을 통해 슈타인은 패전으로 피폐해진 프로이센의 경제 활성화를 위해 개인의 경제적 자유를 보장하고, 법의 지배를 받은 시민사회를 조성하고자 했다. 이를 위해 슈타인은 과거 융커들이 자신들의 기득권 유지를 위해 평민들이 융커들의 토지 구매를 제한한 규제를 철폐했다. 이를 통해 근대적인 자유시장 경제의 기초가

---

80   Jonathan R. White, 앞의 책, pp. 229~230.

샤른호르스트와 함께 군사재조직위원회의 일원으로 프로이센의 군사혁신을 주도한 4인
방은 좌측 상단의 그나이제나우 중령, 우측 상단의 보이엔 소령, 좌측 하단의 그롤만 소
령, 우측 하단의 클라우제비츠 대위였다. 샤른호르스트 사후, 보이엔은 전쟁 장관으로서,
그나이제나우와 그롤만은 장군참모부장으로서 프로이센군의 핵심 직책을 맡아 프로이
센의 군사혁신을 주도했다. 잠시 러시아군으로 이적한 전력으로 인해 오랜 기간 국왕으
로부터 배척된 클라우제비츠는 보통전쟁학교에서 우수 장교 양성과 전쟁론 집필을 통해
프로이센군의 전쟁이론 정립에 기여했다.

[사진 출처: Wikimedia Commons/Public Domain]

마련되었다. 또한, 길드를 통해 직업선택의 자유를 제한하는 규제도 폐지했다. 충분하지는 않지만, 개념적으로 모든 프로이센 국민은 자신의 직업을 선택할 수 있는 제도적 장치가 마련되었다. 그리고 가장 중요한 것은 세습에 의해 유지되어 오던 농노제를 금지시킨 것이었다. 이러한 칙령의 입법화를 통해 프로이센 국민의 기본권이 강화되고, 이들은 혁신파들이 추구하는 군사혁신의 강력한 지지 세력이 되었다.[81]

슈타인과 인식을 같이한 샤른호르스트는 프리드리히 빌헬름 3세의 지시로 군사재조직위원회가 출범한 직후부터 그가 오랫동안 구상해 왔던 군사혁신을 본격적으로 추진했다. 그는 프로이센의 군사혁신은 나폴레옹 전쟁에서 결정적으로 대패한 예나와 아우어슈테트 전투에서의 참담했던 기억이 사라지기 전에 기반을 구축해야 한다고 생각했다. 그래서 그가 구상했던 군사혁신의 기반 구축 목표 시점은 군사재조직위원회의 출범 2년 후인 1809년이었다. 그리고 샤른호르스트는 프로이센의 군사혁신을 추진함에 있어 다음과 같은 3가지에 중점을 두었다. 첫째는 프로이센군의 지휘구조 재편, 둘째는 유능한 인재의 장교단 발탁과 인정, 셋째는 장군참모장교에 대

---

81 농노의 신분에 있던 다수의 평민들은 이러한 조치를 환영했지만, 귀족들은 당연히 이에 반대했다. 그들은 농노제가 노예제의 일종이라기보다는 프로이센의 오랜 전통인 지역 단위별로 끈끈한 유대감을 바탕으로 결속된 공동체라며 이를 옹호했다. 귀족들은 급기야 이러한 급진적인 사회혁신은 군주제에 대한 위협이 될 것이라며 우회적으로 불만을 표출하기도 했다. Christopher Clark, 앞의 책, pp. 451~454.

한 교육훈련 강화였다.[82]

프리드리히 빌헬름 3세가 군사재조직위원회에 부여한 첫째 과업인 지휘관들의 전시 지휘 조치 재평가는 쉽지 않은 일이었다. 생각과는 달리 대상자들의 비협조와 자료 제한으로 조사는 지연되었고, 결국 이 임무는 1814년까지 연장되었다. 전쟁 초기에 프로이센군의 급속한 붕괴로 국왕과 정부 기관이 급히 동부지역으로 이전하느라 많은 서류가 분실되었는데, 이로 인해 서류조사가 지연되었다. 또한, 조사 과정에서 많은 장교들이 의도적으로 증언을 회피하거나 허위로 진술함에 따라 사실 진위를 판단하는 데에도 많은 시간이 소요됐다. 그렇지만 결국은 많은 장교들이 유죄로 판결받아 사안에 합당한 처벌을 받아야만 했다. 단적으로 개전 직전, 프로이센군에서 복무하던 142명의 장군 중에서 70%가 강제 전역 조치 되었고, 30%에 해당하는 41명만이 현역으로 계속 복무할 수 있게 되었다.[83] 또한, 885명의 영관장교 중에서 185명만이 군에 잔류할 수 있게 됐으며, 6,069명의 초급장교 중에서는 1,584명만이 군에서 복무를 지속할 수 있었다.[84]

샤른호르스트는 군사재조직위원회에 부여된 두 번째 과업을 수행하기 위해 혁신파 위원들과 다양한 군사혁신 방안을 구상했다. 오

---

82   Michael Schoy, 앞의 글, p. 19.

83   Christopher Clark, 앞의 책, p. 449.

84   이대웅, "독일 군사제도 개혁의 선구자들"『군사평론』제220호, 1982. 1, pp. 87~92.

랜 논의 결과 3가지 방향에서의 군사혁신 방안을 정립했다. 첫째, 샤른호르스트는 인적자원의 효율성을 강화하는 차원에서 전시에 프랑스군 병사가 보여준 자발성과 적극성을 프로이센군에게 요구하기 위해 프로이센군도 용병과 강제 징집에 의한 상비군이 아닌 애국심에 기반을 둔 보편적인 징병제를 도입해야 한다고 생각했다. 또한, 그는 엄격한 신분제에 입각하여 임용된 귀족 출신 장교들의 무능함이 실전에서 여실히 드러났기 때문에 신분과 상관없이 지성과 지휘역량을 갖춘 인원을 장교로 선발할 것을 결정했다.

둘째, 샤른호르스트는 프랑스군과 달리 일원화된 프로이센군은 통합적인 전쟁지휘기구 없이 개별 지휘관들의 독단적인 전투지휘로 분산 격파된 사례를 수차례 경험했다. 따라서 그는 평시부터 군사 업무 전반을 관장할 정부 기구가 필요하다고 판단했다. 또한, 그는 프랑스군의 도입으로 효과가 검증된 사단과 군단 편제를 프로이센군도 그 취지에 맞게 편성해 운용함으로써 단순히 외형적 측면만이 아닌 실질적인 효율성을 고려한 전면적인 편제 개선이 필요하다고 결정했다.

셋째, 샤른호르스트는 하노버군 시절부터 주장해 온 장군참모부의 전면적인 개편과 제도화가 필요하다고 생각했다. 그는 프로이센의 국가지휘구조와 군사적 전통을 유지하면서도 군사 효율성을 극대화할 수 있는 엘리트 장교단의 제도적 육성과 활용을 통해 프로이센을 다시 군사 강국으로 재건할 수 있다고 생각했다. 그중에서도 샤른호르스트가 가장 중시한 군사혁신 구상이 바로 장군참모부의 제도화였다. 그는 장군참모부의 제도적 육성과 운용을 통해 프로이센군 고급 지휘관들의 부족한 전술적 식견과 리더십을 보완할 수 있을 것으로 생각했다.

프리드리히 빌헬름 3세의 전폭적인 신임과 지지 아래 출범한 군사재조직위원회는 내·외부의 다양한 견제와 저항에 직면했다. 패전 책임을 둘러싼 지휘 조치의 직접적인 조사 대상이 된 장군들과 군 원로들은 당연히 위원회의 조사 활동을 거부했다. 프로이센군의 고위급 장군들은 프로이센군의 패배가 근본적인 시스템의 문제라기보다는 특정 지휘관의 무능과 불운이 우연히 맞아떨어진 단순한 조합 결과일 뿐이라고 변명했다. 따라서 그들은 이런 논리로 자신들의 전쟁 지휘에 대한 책임을 회피했고, 동시에 자신들의 기득권을 침해할 수 있는 프로이센군의 근본적인 혁신 조치도 필요 없다고 생각했다.[85]

프로이센의 군사혁신을 위한 군사재조직위원회의 구체적인 활동은 나폴레옹이 프로이센 정부를 감시하기 위해 파견한 감독관과 내부 첩자들에 의해 고스란히 나폴레옹에게도 보고되었다. 나폴레옹은 틸지트 조약과 연이은 파리 조약을 통해 프로이센을 무력화시키고자 했는데, 그런 의미에서 프로이센의 군사재조직위원회 설립은 나폴레옹의 의도에 반하는 조직이었다. 나폴레옹은 위원장인 샤른호르스트와 위원회 내의 혁신파 장교들을 집중적으로 감시하기 시작했고, 그들이 추진하는 군사혁신 구상도 주목하기 시작했다.

---

85   Cordon A. Craig, 앞의 책, pp. 38~39.

군사재조직위원회의 활발한 활동은 나폴레옹에게 위기의식을 가져왔다. 보다 못한 나폴레옹은 프리드리히 빌헬름 3세에게 혁신파 장교들의 해임을 요구하기 시작했다. 1809년 1월, 샤른호르스트의 오른팔 격인 그나이제나우가 첫 희생양이 되었다. 나폴레옹의 압박에 견디다 못한 프리드리히 빌헬름 3세는 그를 전역 조치했다. 하지만 그는 그나이제나우의 능력을 인정하여 민간인 신분으로 영국에 파견하여 비밀 외교 임무를 수행하도록 했다. 그리고 다음 순서는 샤른호르스트였다. 1810년 6월 17일, 샤른호르스트는 프리드리히 빌헬름 3세의 비호로 강제 전역은 면했지만, 더 이상 위원장 임무를 수행할 수는 없었다. 그는 베를린을 떠나 슐레지엔 지역의 요새 감찰관으로 떠나야 했다.

샤른호르스트의 뒤를 이어 위원장을 맡은 인물은 나폴레옹이 동의할 만한 보수파의 일원인 하케(Karl Georg Albrecht Ernst von Hake, 1768~1835) 대령[86]이었다. 프리드리히 빌헬름 3세는 샤른호르스트를 면직시켜야 했지만, 위원회의 주요 정책은 하케 대령의 보좌관이자 혁신파의 일원인 보이엔을 통해 비밀리에 샤른호르스트와 논의하여 처리하도록 했다. 샤른호르스트는 공식적으로는 군사재조직위원회를 떠났지만, 국왕의 승인 아래 실질적인 위원장으로서 역할을 했다. 그만큼 샤른호르스트에 대한 국왕의 신임은 절대적이었다.

1809년 12월 28일, 프리드리히 빌헬름 3세는 틸지트 조약 체결

---

86   하케 대령은 1813년 3월 1일에 소장으로 진급했다.

이후에도 프랑스군을 피해 머무르던 쾨니히스베르크를 떠나 베를린으로 복귀했다. 나폴레옹의 요구에 따른 복귀였다. 하지만 그는 프로이센의 수도인 베를린에서도 자유롭지 못했다. 나폴레옹의 대리인인 감독관은 물론, 나폴레옹이 프로이센 궁정 곳곳에 배치한 첩자들에 의해 계속 감시받았다. 특히 1810년 7월 19일, 오랫동안 프리드리히 빌헬름 3세의 정서적 동반자이자 버팀목이 되어 주었던 루이제(Luise von Mecklenburg-Strelitz, 1776~1810)[87] 왕비가 갑작스럽게 사망하자, 그는 깊은 좌절감과 우울증에 빠졌다. 왕비를 사별하고 홀로 된 프리드리히 빌헬름 3세는 나폴레옹의 선처로 왕좌를 유지할 수 있었기에 늘 불안에 떨 수밖에 없었다. 그는 프랑스 주둔군의 횡포에 고통받는 그의 백성들은 살필 여력이 없었다.[88]

1) 인적자원의 효율성 강화

1809년 9월에 체결한 파리 조약에 따라 프로이센군의 병력 규모는 4만 2,000명으로 통제되었다. 또한, 나폴레옹은 정규군 이외에 예비전력으로 전용 가능한 모든 유사 성격의 조직을 보유하는 것도

---

87 루이제 왕비는 프리드리히 빌헬름 3세가 나폴레옹을 피해 동부로 대피하는 과정에도 끝까지 동행했다. 또한, 그녀는 비록 성과는 없었지만, 틸지트에서 남편을 대신해 나폴레옹과 담판을 짓기 위한 대외적 행보도 강행했다. 전후에는 실의에 빠진 국민들을 위로하고 프로이센 재건을 위해 노력함으로써 국민들에게는 국왕보다 인기 있는 왕비였다. 하지만 전쟁으로 인한 육체적, 정신적 고통은 34세의 젊은 나이에 그를 죽음으로 몰았고, 프리드리히 빌헬름 3세는 물론 프로이센 전 국민이 그녀의 죽음을 애도했다.

88 Christopher Clark, 앞의 책, p. 485.

금지시켰다. 이제 프로이센군은 치안유지 외에 국토 방어 같은 정상적인 국가의 군대가 수행하는 기본 임무를 수행할 수 없는 경찰과 같은 수준으로 전락했다. 프로이센군의 과거 전통을 고려할 때 이는 참을 수 없는 굴욕이었지만, 나폴레옹의 선처만을 기대할 수밖에 없던 프리드리히 빌헬름 3세는 그거라도 수용하는 것 외에는 다른 대안이 없었다.

　프랑스 주둔군의 감독을 받는 상황에서 프로이센군이 섣불리 독자적인 군사 활동을 하는 것은 불가능했다. 샤른호르스트는 당분간은 병력 증강이 불가능하다고 판단하여 정원을 유지한 가운데, 실질적인 병력 증강 효과를 얻을 방안을 고민하기 시작했다. 그 결과, 그는 단기속성병 제도(*Krümpersystem*)를 착안했고, 군사재조직위원회 설립 직후인 1807년 9월 25일, 정식으로 프로이센군에 채택되었다. 샤른호르스트가 착안한 단기속성병 제도는 현역병의 복무 기간을 최소한의 전투역량을 갖추는 데 필요한 최소기간으로 단축시킴으로써 정원을 유지한 가운데 잠정적인 전투원을 최대한 확보하기 위한 제도였다. 그리고 최소한의 군사교육만을 받고 조기에 전역한 병사들을 비밀리에 지역 민병대로 편성했다. 지역 민병대는 인근 프로이센군 현역병의 훈련에 자연스럽게 동참함으로써 주기적으로 군사기술을 연마할 수 있도록 했다. 이러한 훈련은 프랑스군의 감시망을 피해야 했기에 훈련의 강도나 기간보다는 빈도를 늘려 전투기술을 망각하지 않도록 하는 데에 주력했다. 그리고 샤른호르스트는 이렇게 확보한 예비 병력을 훗날 프로이센군을 대규모로 증원할 때,

예비 자원으로 활용하기 위해 평상시부터 철저히 관리했다.

샤른호르스트는 병력의 순환 주기를 고려한 효율적 관리와 동시에 프랑스가 도입한 국민개병제를 프로이센에도 도입하고자 했다. 나폴레옹 전쟁 이전의 프로이센은 1733년에 프리드리히 빌헬름 1세(Friedrich Wilhelm I, 1688~1740〈재위: 1713~40〉)[89]가 도입한 변형된 국민개병제의 일종인 칸톤 체제(Kantonsystem)라는 고유의 징병제도를 적용했다. 프로이센은 징병의 효율성을 위해 지역 거주민의 인구 수를 고려하여 전국을 적정 규모의 행정단위로 나누었는데, 이것을 칸톤이라고 했다. 통상 프로이센군은 칸톤별로 지역을 관장하는 연대를 주둔시켰고, 해당 연대는 담당 칸톤에서 기본적으로 신병을 보충하는 체계를 갖추었다. 통상 연대는 보병 5,000명과 기병 1,800명을 칸톤에서 차출했는데, 이것이 프로이센의 전통적인 칸톤 체제였다.[90]

칸톤 체제는 상비군으로 자국민을 징병함으로써 용병과의 계약을 위해 소요되는 막대한 국가 예산의 지출을 억제하고, 용병의 주 구성원인 외국인보다는 좀 더 신뢰할 수 있는 자국민을 활용하기 위한 목적으로 도입되었다. 특히 칸톤을 관장하는 연대 장교들은 징집

---

89 신생 왕국인 프로이센의 군사적 기반을 닦은 국왕은 프리드리히 빌헬름 1세였다. 그는 근검, 검소한 군대식 문화를 국정 전반에 도입함으로써 강대국의 틈바구니에서 생존을 위한 군사력 강화에 집중했다. 특히 1722년 12월에는 군사 업무 전반을 총괄하는 관리 총국(General Directorate of War and Domain)을 설치함으로써 국가의 모든 역량을 군사력 증강에 집중시켰다. 기세찬 · 나종남 외 8인, 앞의 책, p. 218.

90 김장수, 『주제별로 접근한 독일 근대사』 (서울: 푸른사상사, 2010), pp. 85~86.

된 병사들에게 농번기에는 휴가를 부여하여 영주의 농장 일을 돕도록 함으로써 지역사회와의 공생 관계를 유지했다. 칸톤 체제는 단순히 병역 관계만을 규정하기 위한 체제가 아니라 프로이센 사회 전반의 기초를 견고하게 구축하는 체제였다. 즉 프로이센 사회는 농경사회에서의 영주와 병사들과의 사회 구조적 관계를 국가방위 차원에서 장교와 병사와의 관계로 일체화시킴으로써 국가와 지역과 군대가 하나로 연결된 독특한 사회구조로 군사국가의 형태를 갖추게 되었다.[91] 이러한 프로이센의 독특한 사회구조를 근거로 많은 학자들은 프로이센은 국가 안에 군대가 존재하는 것이 아니라 군대 안에 국가가 존재한다고 비유하기도 했다.

연대에 결원이 발생할 경우, 칸톤 체제에서의 징병은 신분 고하에 구분 없이 18~40세까지의 모든 남성을 대상으로 한 보편적인 징병을 원칙으로 했다. 그러나 실제로는 다양한 병역 면제의 기회가 존재해서 귀족이나 부유층은 대부분 병역에서 면제되었다. 즉 귀족 계층은 가문의 일원을 장교로 복무시킴으로써 전반적인 병역 의무에서 벗어났고, 부유한 도시의 상공업자들은 다른 형태의 세금 납부를 통해 자연스럽게 병역 의무에서 해방되었다. 결과적으로 경제적 여건이 어려운 농민이나 도시 노동자 등의 하층민만 주로 현역병으로 징병 되었다. 그리고 프로이센군은 이러한 징병으로도 연대에 필

---

91 이민호, 『근대독일사 연구: 프로이센국가와 사회의 성립』 (서울: 서울대학교 출판부, 1976), pp. 223~224.

요한 병력을 충족시키지 못해 1/3 정도는 용병으로 충원할 수밖에 없었다. 따라서 전반적인 프로이센군 병사들의 지적 수준은 낮았고, 군인으로서의 복무 의지도 거의 없었다. 18세기 프로이센군의 상비군 내의 용병 비율은 〈표 5〉와 같았다.[92]

〈표 5〉 18세기 프로이센군 상비군 내의 용병 비율

단위: 명

구 분	1751년	1763년	1768년	1786년
상비군	133,000	150,000	160,000	190,000
용 병	50,000	37,000	70,000	80,000
비 율	37.6%	24.7%	43.8%	42.1%

프리드리히 2세는 이처럼 낮은 수준의 병사들을 이끌고 전쟁에 임하기 위해 엄격한 군율을 적용했고, 전시에 현장을 이탈하는 병사들은 가차 없이 즉결 처분했다. 실제로 프리드리히 2세는 전열 후미에 전투를 독려하고 탈영병을 처단하는 독전대를 배치했을 뿐만 아니라, 군율을 어기는 병사들에 대해서는 육체적 처벌을 가함으로써 무조건 명령에 복종하도록 만들었다. 당시 프로이센군에서 채찍질 같은 처벌은 일상적인 일이었다. 그리고 전투 의지가 부족한 병사들이 전장에서 공포심으로 전열이 붕괴하지 않도록 방지하기 위해 전투대형을 촘촘히 편성했는데, 이러한 밀집대형은 화약 무기의 발달

---

92   박상섭, 앞의 책, pp. 168~169, p. 176.; Christopher Clark, 앞의 책, pp. 155~159.

에 따라 치명적인 살상력 급증에 한 원인이 되기도 했다. 마침내 이러한 현실을 목도한 샤른호르스트는 나폴레옹 전쟁에서의 경험을 바탕으로 프로이센군의 징병제도와 전투대형 편성에 혁신을 추진했다.

프로이센군과는 달리 1793년 8월, 국민총동원(*Levée en messe*)[93]에 의한 국민개병제를 도입한 프랑스는 시민혁명으로 수립한 공화정 체제를 수호해야 한다는 국민들의 자발적인 인식 아래 징병에 적극적으로 응했다. 당연히 전투 의지나 사기도 높았을 뿐 아니라, 탈영의 우려도 적어 밀집대형을 자율대형으로 전환해도 전투 효율성에 큰 문제가 발생하지 않았다. 또한, 병력 동원에서도 상대적으로 유리했다. 프랑스군은 프로이센군보다 병력 보충이 용이했고, 이는 프랑스군의 전쟁 수행에 있어 주변국들과는 차별화된 상대적인 강점으로 작용했다.

샤른호르스트는 통치자인 나폴레옹과 피통치자인 일반 국민의 능동적인 제휴를 통해 대성공을 거둔 프랑스의 사례를 제시하며 프로이센이 다시 강국의 지위를 회복하기 위해서는 반드시 군주와 국민이 하나의 목표를 위해 제휴해야 한다고 프리드리히 빌헬름 3세

---

93 프랑스 국민공회는 제1차 대프랑스동맹군에 대응하기 위해 18~25세에 이르는 모든 프랑스 미혼남성에 대한 징집령을 공포했다. 또한, 프랑스 국민공회는 개별 시민들로부터 전쟁물자를 징발했으며, 공장은 군수품 생산 체제로 전환해야 했다. 국민총동원에 대한 프랑스 국민들의 자발적인 동참에 따라 1794년에는 75만 명의 현역병을 충원할 수 있었다. 박상섭, 앞의 책, p. 200.

를 설득했다.[94] 그리고 일반 병사들의 동기 부여와 사기 향상을 위해 징계제도[95]도 전면적으로 개편했다. 프랑스군의 군비통제로 전면적인 병력 증강이 불가능했기에 샤른호르스트는 정신전력 강화 차원에서 군대 내의 인도주의적 기풍 조성에 힘썼다. 이에 따라 군대에서의 구타와 같은 물리적 처벌 대신 규범별로 사안에 따라 자유시간이나 휴가 등의 제한 조치를 통해 군대 문화 개선을 위해서도 노력했다. 이러한 혁신파들의 노력을 통해 그동안 소원했던 국왕과 일반 국민과의 친밀관계는 한층 더 밀착될 수 있었다.[96]

샤른호르스트는 민주주의 개념에 입각하여 향후 프로이센군의 주역이 될 국민에게 군인으로서 최소한의 기본권을 보장해 주어야만 적극적인 호응을 얻을 수 있을 것으로 생각했다. 따라서 그는 병사들에 대한 체벌에 대해서는 기본적으로 반대했다. 그는 장교의 역할이 병사들에 대한 물리력을 행사함으로써 임무를 달성하는 것이 아니라, 교육을 통해서 병사들이 자신들의 역할과 임무를 인식하고 이에 따른 자발적인 임무 수행을 가능하게 하는 것으로 생각했다.

94   William H. McNeill, 『전쟁의 세계사(The Pursuit of Power)』, (서울: 이산, 2005), p. 289.

95   혁신파의 일원인 보이엔은 칸트(Immanuel Kant, 1724~1804)의 철학 강의를 직접 듣고, 그의 계몽주의 사상에 큰 영향을 받았다. 그는 국민에 대한 보편적 교육을 통해 국민의 자발적 복무를 독려해야 한다고 생각했다. 그래서 1808년 8월 3일, 보이엔이 포함된 군사재조직위원회는 심각한 유죄를 제외한 일반적인 사항에 대해서는 군내 체벌을 금지함으로써 지휘관들의 임의 판단을 제한하고, 병사들을 보호하는 군사법 체제의 발전도 도모했다. Cordon A. Craig, 앞의 책, pp. 47~48.

96   육군본부, 『독일 군사사』, (서울: 육군본부, 1978), p. 105.

그래서 샤른호르스트는 장교단의 기풍에 자신의 교육적 철학이 반영된 도야의 개념을 적극적으로 반영하고자 했다. 샤른호르스트가 프로이센의 군사혁신을 주도적으로 추진한 이래, 프로이센군 전반에 기본권에 대한 인식이 정착함으로써 병영 내 체벌은 급격히 감소하기 시작했다.

1808년 3월 15일, 샤른호르스트는 프로이센에 국민개병제를 도입하자는 건의서를 프리드리히 빌헬름 3세에게 제출했다. 이어서 20세부터 35세까지의 성인 남성에게 보편적인 병역 의무를 부여하고, 이전에 남용되던 면제 혜택도 폐지하는 추가 건의서도 제출했다. 또한, 그는 공개적인 추첨을 통해 가용 자원을 현역 정규군과 예비대 성격의 민병대로 구분할 것도 건의했다.[97] 하지만 프리드리히 빌헬름 3세는 민병대에 대해 부정적 선입견이 강했다. 그는 지역별로 자생적 성격이 강한 민병대를 공식화할 경우, 민병대가 국왕에 대한 위협 세력으로 전환할 수 있음을 우려했다. 또한, 민병대의 존재는 국왕이 직접 지휘권을 행사하는 상비군의 권위를 실추시킬 뿐만 아니라 통합적인 부대 운용의 효율성도 저하될 것으로 생각했다.[98] 하지만 부정적 인식의 저변에는 국왕의 통제력이 취약한 민병대의 무장을 공식화함으로써 군 전반에 대한 국왕의 통제력 약화와 신뢰할 수 없는 이들의 반란을 우려했기 때문이었다.

---

97   Cordon A. Craig, 앞의 책, p. 47.

98   박상섭, 앞의 책, pp. 206~212.

프리드리히 빌헬름 3세와 보수파 원로들은 규율과 훈련이 부족한 향토방위군(Landwehr)이나 민병대(Landstrum)를 신뢰하지 못했다. 특히 샤른호르스트는 자발적인 동기 부여 차원에서 민병대의 경우 주로 평민 출신으로 편성하고, 경우에 따라서는 자체적으로 지휘관을 선발하는 것을 허용하도록 국왕에게 건의했다. 국민개병제의 핵심인 향토방위군과 민병대의 전면적인 도입 문제는 프로이센 보수파와 혁신파 간 논쟁의 중심에 서게 되었다.[99] 정규군 이외의 군대 편성에 대해서는 국왕이나 보수파 모두 기피했다.

프로이센에 국민개병제를 도입하자는 구상은 프리드리히 빌헬름 3세가 섣불리 받아들일 수 없는 혁신안이었다. 불과 15년 전에 시민혁명군에 의해 프랑스의 국왕인 루이 16세가 단두대에서 목이 잘리는 것을 지켜본 프리드리히 빌헬름 3세는 기본적으로 일반 국민들을 불신했고, 그들을 무장시키는 것을 극도로 경계했다. 프리드리히 빌헬름 3세는 심지어 프로이센의 일반 국민도 신뢰하지 않았다. 토지를 기반으로 한 전통적인 귀족 계층인 융커들도 국민개병제를 도입할 경우, 자신의 영지에 종속된 농민들에 대한 통제권을 상실하고, 나아가 자신들의 경제적 기반이 약화될 것을 우려해 국민개병제에 반대했다. 결국, 국왕과 보수파 귀족세력의 반대에 따라 칸톤 체제는 1813년까지 존속되었다. 그만큼 국민개병제의 전면적인 도입은 지연되었다.

---

99   Jonathan R. White, 앞의 책, p. 233.

샤른호르스트에게 국민개병제에 의한 국민군으로의 전환보다 중요한 것은 장교단의 정예화였다. 전통적으로 프로이센군의 귀족 출신 장교들은 국왕의 비호 아래 장교단에서 독점적인 지위를 차지했다. 비록 귀족 가문이라 하더라도, 경제적 상황이 어려운 귀족들은 자기 아들을 장교로 임관시킴으로써 스스로 생계를 유지하도록 했다. 귀족 출신 남성이 장교로 임관하게 되면, 국왕의 보호 아래 그들은 장교의 신분으로 최소한의 경제적 수준을 유지할 수 있었다. 귀족 출신 장교들은 임관이나 진급이 귀족 가문의 서열로 주로 결정되었기에 장교로서의 군사 전문성을 함양하기 위해 굳이 노력할 필요가 없었다. 국왕은 왕권을 지지하고 수호하는 귀족 계층에 대해 장교단의 특권을 인정해 줌으로써 양측은 상호신뢰 속의 공생 관계를 유지했다.[100] 국왕과 귀족 간의 상호 필요에 의한 굳건한 결탁 관계에서 군사혁신은 고사하고, 작은 변화가 발생할 여지는 전혀 없었다.

프로이센의 계몽 군주라고 칭해지던 프리드리히 2세는 특히 프로이센군의 장교단을 전폭적으로 신뢰하고 지지함으로써 귀족 계층의 장교단이 중심이 되는 프로이센군의 군사적 전통이 형성되었

---

100 전통적으로 주로 귀족 가문 출신으로 구성된 프로이센군 장교들의 임관식에는 국왕에 대한 충성 맹세가 반드시 포함되어 있었다. 이를 통해 국왕은 군에 대한 절대적인 지휘권을 확고히 했다. 하지만 혁신파의 일원으로 미국 독립전쟁에 참전한 경험이 있던 그나이제나우는 장교들의 임관 맹세는 국왕에 대한 충성 맹세가 아니라, 국가 이념의 실체적 산물인 헌법을 대상으로 해야 한다고 언급함으로써 국왕과 보수파의 반발을 가져오기도 했다. 결국 보수파에게 그나이제나우는 유능했지만, 다소 위험한 급진적인 장교로 평가되었다. Jonathan R. White, 앞의 책, p. 234.

다.[101] 당시 프로이센군 장교단 내에서 귀족 출신의 압도적인 우위는 여러 자료에서도 나타난다. 한 사례로 18세기 프로이센군 보병 장교단의 신분별 구성을 살펴보면 다음의 〈표 6〉과 같다. 〈표 6〉에서 보는 바와 같이 당시 프로이센군의 주류인 보병 장군은 100% 귀족 출신으로만 구성되었고, 영관장교의 경우에도 평민 출신은 5% 이내로 예외적으로만 존재했다. 평민 출신이 고위직 장교로 진출하는 것은 매우 예외적인 경우에 해당되었다. 사실상 불가능했다. 그만큼 귀족 계층의 장교단 독점은 절대적이었다.

〈표 6〉 18세기 프로이센군 장교단(보병)의 신분별 구성[102]

단위: 명

구 분		장 군	대 령	중 령	소 령
1739년	총 계	34	57	46	108
	귀 족	34	56	44	106
	평 민	0	1	2	2
	평민 비율	0%	1.8%	4.3%	1.9%
1786년	총 계	52	59	23	185
	귀 족	52	59	22	183
	평 민	0	0	1	2
	평민 비율	0%	0%	4.3%	1.1%

---

101 차일용, "군사국가 프로이센과 그 군대의 개혁: Junker적 군대 경영과 Stein에서 Boyen 에 이르는 제 개혁의 이념" 『사학연구』 제21호, 1969, p. 451.

102 Alfred Vagts, *A History of Militarism* (New York: The Noonday Press, 1959), p. 64.

샤른호르스트는 나폴레옹 전쟁을 통해 그동안 자신을 포함한 평민 출신 장교들을 무시해 온 귀족 중심의 장교단이 실전에서 얼마나 무능했는지 여실히 경험했다. 또한, 프리드리히 빌헬름 3세도 항상 자신의 곁에서 호언장담하던 군 원로들에게 매우 실망한 상태였다. 그래서 그는 군사재조직위원회의 첫 번째 임무로 전쟁 기간 장교들의 전쟁 지휘에 대한 책임을 조사하도록 했던 것이었다. 샤른호르스트는 이 기회에 프로이센군에서 귀족 중심의 장교단 인적 구성을 다양화해야 한다고 생각했다. 그가 생각하기에 평민 출신 중에서도 유능한 장교 후보생들이 존재함에도 불구하고, 임관 기회조차 주지 않는 현재의 제도는 개선해야 한다고 생각했다. 실제 1806년의 전쟁 당시에 프로이센군에는 7,000명이 넘는 장교가 존재했는데, 이 중에서 평민 출신 장교는 695명에 불과했다. 즉 장교단의 90% 이상은 귀족 출신이었다. 그만큼 장교단에 있어서 귀족 계층의 영향력은 막강했다.[103]

프리드리히 빌헬름 3세의 전폭적인 지지 아래 장교단의 혁신을 위한 활동을 추진할수록 보수파 귀족 계층의 조직적인 저항도 강렬해졌다. 원로 귀족들은 평민 출신 장교는 복잡한 전투지휘를 감당할 수 없다며 평민 출신들을 장교로 임관시키는 것에 반대했다. 하지만 샤른호르스트는 프로이센을 위기에서 구한 것은 원로 귀족 계층이 아닌 일반 국민이었으며, 국방의 책무를 귀족 계층만이 담당할 수

---

103   Cordon A. Craig, 앞의 책, p. 17.

있다는 고정관념은 버려야 한다고 프리드리히 빌헬름 3세를 강력하게 설득했다. 결국, 프로이센군의 무기력한 전쟁 수행과 참담한 전쟁 결과를 직접 목격한 프리드리히 빌헬름 3세는 논리정연한 샤른호르스트의 주장에 동의할 수밖에 없었다.[104]

군사재조직위원장인 샤른호르스트의 강력한 권고에 따라 1808년 8월 6일, 프리드리히 빌헬름 3세는 장교단의 문호를 개방하는 법령[105]에 서명했다. 새로운 법령에 따라 최소한의 지적 수준과 군사적 자질을 갖춘 프로이센 국민이라면 누구나 장교로 임관 가능했고, 프로이센군의 고위직까지 진출도 가능했다. 동시에 그동안 프로이센 귀족들에게만 주어지는 장교단의 여러 특권이 폐지되었다. 또한, 장교의 진급도 이전에는 출신 성분과 가문의 서열에 따라 내부 담합으로 결정되었는데, 1808년 11월 30일 이후부터는 진급시험을 통해 자신의 역량을 공식적으로 입증해야만 진급이 가능했다.

전통적인 보수파 군사 원로들은 새로운 장교단 운영제도에 극렬히 저항했다. 보수파의 일원인 로툼(Carl Friedrich Heinrich Graf von

---

104 황수현, "샤른호르스트의 군사혁신과 현대적 함의"『군사연구』제154집, 2022. 12, pp. 205~206.

105 장교단의 문호를 전 계층에게 개방하는 법령이 제정되었다고 해서 프로이센군 장교단의 중심 세력이었던 귀족 계층의 반발이 완전히 사라진 것은 아니었다. 귀족 계층은 지속적으로 장교단에서의 특권을 국왕에게 요구했고, 결국 프로이센군에서 혁신파들이 대거 물러나는 1819년에 이르러서는 법령이 일부 수정되었다. 그리고 수정된 법령에 따라 장교 임관 시에 귀족 계층은 별도의 특혜를 회복했다. 하지만 평민에게 일단 개방된 장교단의 편입 기회는 여전히 존재했고, 이를 통해 혁신파의 이상은 여전히 지속되었다. William H. McNeill, 앞의 책, p. 291.

Wylich und Lottum, 1767~1841) 백작은 평민 출신에 대한 장교단의 문호 개방을 자신들의 특권에 대한 부당한 박탈로 인식했다. 그는 장교단에 대한 지나친 학습과 교육의 강조는 계층별 특성을 말살할 것으로 생각했다. 그리고 로툼 백작은 여기에서 더 나아가 시험을 통한 진급 체계는 그동안 국왕과 장교단 사이에 유지되었던 우호적 관계를 파괴할 것이라며 강력히 반발했다.[106]

혁신파와 보수파 간의 갈등이 과열되자, 프리드리히 빌헬름 3세는 보수파를 달랠 방안도 추진했다. 1809년 3월, 그는 추가적인 법령 선포를 통해 군 지휘부에 대한 임명권은 국왕 고유의 재량권에 남겨둠으로써 군에 대한 국왕의 최소한의 통제권을 확보하고자 했다. 그는 프로이센군은 국왕의 군대여야 한다는 전통적 관점을 여전히 포기하지 않았다. 하지만 추가 법령을 통해 프리드리히 빌헬름 3세는 보수파의 입장도 제도적으로 반영함으로써 양대 세력의 갈등을 완화하려 했다. 새로운 법령을 통해 모두에게 공평한 임관과 진급 기회가 보장되는 것은 아니지만, 이전에 존재하던 여러 제한이 폐지되었다는 점에서 이는 매우 파격적인 조치였다. 장교단의 문호를 개방한 새로운 법령은 장교의 지위에 대해 다음과 같이 명시했다.[107]

106   Cordon A. Craig, 앞의 책, pp. 44~45.
107   육군본부, 앞의 책, p. 102.

인간의 출생 신분은 절대적인 것이 아니다. 만약 우리가 출생 신분을 지나치게 강조한다면, 수많은 인재들이 자신의 능력을 발휘할 기회를 갖지 못하고, 그들의 독창성은 억압으로 인해 소멸할 것이다. 이제는 일반 국민에게도 그동안 귀족이 독점해 온 권리를 부여해야 한다. 새로운 시대에는 권위나 명예보다는 참신한 능력과 인재가 요구된다. 따라서 앞으로는 신분과 관계없이 능력을 갖춘 모든 국민은 군대에 진출할 수 있다. 지금부터 장교에게 요구되는 조건은 평시에는 군사 지식과 훈련이, 전시에는 탁월한 판단과 용기와 지휘능력이다. 그리고 이러한 자격을 갖춘 국민은 누구든지 장교로서 군의 명예로운 최고 직위까지 승진할 수 있다. 따라서 지금까지 군에 존재했던 출생 신분에 따른 모든 특권은 폐지될 것이며, 개인의 사회적 배경과 상관없이 모든 국민은 동일한 의무와 권리를 보유한다.

장교단에 대한 문호 개방을 선언한 새로운 법령은 프로이센군 장교단의 근본 틀을 바꾸는 파격적인 법안이었다. 법령에 따라 하루 아침에 장교단의 기풍이 즉각적으로 바뀌는 것은 아니었지만, 적어도 장교단의 변화를 위한 새로운 계기가 마련되었다는 점에서는 혁신적인 조치였다. 그리고 법령에 명시된 장교의 지위와 요구되는 능력은 200년 전에 작성된 내용이라 할 수 없을 정도로 장교단에 요구되는 본질적인 요건을 잘 명시했다. 오늘날 장교단에 적용해도 전혀 어색하지 않은 개념이 포함된 법령이었다.

장교단의 문호 개방과 동시에 장교단의 질적 수준을 향상하기 위한 여러 교육제도의 개편도 동시에 진행되었다. 프리드리히 빌헬름 3세의 지시에 따라 1808년부터 1810년까지 전국에 난립하던 각종 군사학교를 폐지하고, 베를린, 쾨니히스베르크, 브레슬라우의 3개 주요 도시에 전쟁학교(Kriegsschule)를 새롭게 창설했다. 9개월 과정의 전쟁학교는 사회적 신분에 따른 차별 없이 입학시험에 합격하면 누구라도 입학할 수 있었다. 군사학교 창설 초창기에는 체계적인 교육여건이 우수한 귀족 출신 자녀들이 주로 입학했지만, 점차 평민 중에서도 경제적 여건이 우수해 자녀에 대한 고등교육이 가능했던 평민 출신 자녀들도 입학하는 비율이 증가하게 되었다. 프로이센군의 장교단 혁신을 위한 변화의 계기가 마련된 것이다.

1810년 5월 2일에는 전쟁학교를 졸업한 초급장교 중에서 우수자 50명을 선발해 3년간 추가 교육을 시키는 보통전쟁학교(*Allgemeine Kreigsschule*)[108]가 베를린에 창설되었다. 보통전쟁학교를 통한 정예 장교의 필요성을 절실히 느낀 샤른호르스트는 단기간의 준비 과정을 거쳐 창설 5개월 만인 10월 15일부터 정식 학기를 개강했다. 샤른호르스트가 오래전부터 구상했던 교육 철학이 반영된 보통전쟁학교는 전략과 전술 같은 필수 군사학 이외에도 수학, 지리학, 외국어, 행정학 등의 인문학과 공학 교육도 병행했다. 그는 보통전쟁학교를 통해 프로이센군의 미래를 위해 단순히 군사학에만 정통한 장교가 아니라 군사혁신의 개념과 필요성을 이해하고 종합적이고 균형된 지적 수준을 겸비한 정예장교를 전문적으로 양성하고자 했다. 이를 위해 군사학의 핵심인 전략과 전술 과목은 샤른호르스트의 제

---

108   보통전쟁학교는 창설 이후 장군참모부에서 운영을 직접 관할했으나, 1819년에 보수파들의 득세에 따라 혁신파들이 군내 요직에서 대거 물러나면서 교훈감찰관 관할로 통제권이 변경되었다. 1859년에는 보통전쟁학교에서 전쟁대학(*Kriegsakademie*)으로 명칭이 변경되었고, 통일 독일제국이 건국된 직후인 1872년에서야 다시 장군참모부(당시에는 총참모부로 명칭 변경) 관할로 복귀했다. Martin Samuels, "Directive Command and the German General Staff" War in History, Vol. 2, No. 1(March, 1995), pp. 33~34.

자이자 혁신파 장교단의 일원인 타이데만(Karl Ludwig von Tiedemann, 1777~1812)과 클라우제비츠가 직접 담당하도록 했다.

나폴레옹 전쟁에서의 참패로 프랑스군의 저력을 확인한 샤른호르스트는 프로이센군 장교단에서 엄선된 소수의 정예장교들이 입교한 보통전쟁학교의 교육내용에 깊은 관심을 가졌다. 그래서 그는 전략과 전술 같은 군사학 교육의 교육내용에도 관여했다. 특히 샤른호르스트는 1806년의 초기 전역에서 프랑스군이 보여준 것과 같이 나폴레옹의 명확한 지침이 없어도 지휘관의 작전개념을 이해한 예하 장군들이 독단적이고 공세적인 전투를 지속하여 프로이센군을 격파한 사실에 주목했다. 이러한 사례를 통해 그는 일단 승기를 잡으면 적의 주력을 추격하여 격멸하는 것이 중요하다는 것을 인식했고, 이러한 프랑스군의 전술을 교육과정에 반영했다. 주력 격멸에 대한 이런 개념은 샤른호르스트 사후, 클라우제비츠가 집필한 전쟁론에도 반영되었다. 그리고 이런 전술 교육의 성과는 후일 워털루 전투에서 블뤼허 장군이 포기하지 않고 영국군에 합류함으로써 나폴레옹군을 최종적으로 붕괴시키는 데 결정적으로 기여함으로써 입증되었다.[109]

2) 전쟁 지휘구조 창설과 전투편제 개편

나폴레옹 전쟁 당시의 프로이센군은 프랑스군과 달리 단일화된

---

109 T. N. Dupuy, 앞의 책, pp. 35~36.

지휘체계의 부재로 개별 지휘관들의 독단적인 전투지휘로 프랑스군에 맞서야 했다. 더군다나 프리드리히 빌헬름 3세는 전장 상황을 제대로 파악하지 못한 가운데, 후방지휘소에서 측근들과 토론만 지속했고, 적시적인 지시는 내리지 못했다. 그 지시조차도 수시로 번복되기 일쑤였다. 따라서 프로이센군의 전체 병력은 프랑스군에 그렇게 열세이지는 않았지만, 나폴레옹이라는 단일 지휘관이 현장에서 적시적으로 명령을 내리는 프랑스군에게 각개 격파되고 말았다.

　나폴레옹 전쟁 이전, 프로이센군의 전쟁 지휘는 기능별로 다양한 기구에 분산되어 있었다. 이 과정에서 발생하는 혼잡을 조정 통제하기 위해 프리드리히 빌헬름 2세는 1787년 6월, 최고전쟁회의(Oberkriegskollegium)라는 새로운 기구를 창설하고, 군 원로인 묄렌도르프 원수를 의장으로 임명했다. 최고전쟁회의는 전쟁에 필요한 병과 중심의 7개의 부로 구성되었다. 예하의 1부는 보병, 2부는 기병, 3부는 포병, 4부는 공병, 5부는 보급, 6부는 복장과 장비, 7부는 의무를 담당했다.[110] 최고전쟁회의는 군사 문제를 논의하는 최고의 기구였으나, 창설 의도와는 달리 기존에 유지하던 많은 군사 기능부서를 효과적으로 조율하지는 못했다. 특히 국왕의 군사고문 역할을 담당하던 군사 내각은 국왕의 비호 아래 지속적으로 군 인사를 통해 영향력을 행사함으로써 최고전쟁회의는 온전한 기능을 수행하지

110　Peter Hofschröer, 앞의 책, p. 6.

못했다.[111] 군사 내각은 주로 국왕의 측근으로 구성된 비정형화된 조직이었지만, 국왕과의 친분관계로 인해 프로이센군의 그 어떤 공식적인 군사기구보다 막강한 영향력을 행사했다.

　프로이센군의 전쟁 지휘체계 혁신은 1809년 3월 1일, 전·평시에 군사행정 및 작전지휘 전반을 총괄하는 전쟁부(*Kriegsministerium*)를 창설하면서 시작되었다. 전쟁부는 기존에 존재하던 최고전쟁회의의 기능을 이어받았다. 전쟁부는 슈타인 내각 장관의 건의를 프리드리히 빌헬름 3세가 1808년 12월 25일에 승인함으로써 창설되었다. 기존에는 국왕과 측근들의 논의에 따라 전·평시 주요 정책이 결정되었는데, 각종 군사 기능은 최고전쟁회의를 비롯한 다양한 조직과 인원에 분산되어 있었다. 따라서 프로이센군의 적시적이고 통합적인 전쟁 지휘는 불가능했다. 또한, 국왕의 결심도 우유부단한 성격의 영향으로 지연됨에 따라 정작 현장에서는 아무런 도움이 안되는 뒤늦은 지침도 많았다. 그나마 과거처럼 상비군의 규모가 소규모였을 때에는 문제가 없었으나, 20만 명 이상의 대군이 참가하는 전쟁에서는 다른 차원의 문제가 빈번하게 발생했다.

　굴욕적인 참패를 경험한 프리드리히 빌헬름 3세의 결단으로 어렵게 창설된 전쟁부는 기능과 역할에 따라 전쟁총괄실(*Allgemeine Kriegsdepartement*)과 군사경제실(*Militär Ökonomiedepartrmrnt*)의 2개 부서로 구분되었다. 전쟁총괄실은 군사행정, 계획 수립, 무기 도입

111　Cordon A. Craig, 앞의 책, pp. 29~30.

업무를 담당했고, 군사경제실은 예산과 군수 업무를 담당했다. 전쟁부는 프로이센의 정식 국방업무 전담 기관으로서 창설 자체만으로도 혁신적인 변화였다. 특히 샤른호르스트가 관장하는 전쟁총괄실은 업무를 세분화하여 예하에 3개의 국을 두었다. 제1국은 그롤만을 국장으로 하여 장교단의 인사행정 업무를 담당했고, 국왕에게 주기적으로 인사 관련 사항을 보고했다. 제2국은 보이엔을 국장으로 하여 기존의 장군병참참모부가 수행하던 기능을 대신함으로써 실질적인 장군참모부의 모체 부서 역할을 했다. 제3국은 그나이제나우를 국장으로 하여 군수 지원과 포병과 공병 같은 기술 직능 부대들을 관리했다.[112] 전쟁총괄실의 핵심 인사는 모두 프로이센군의 혁신파 인사들로 채워졌다.

프리드리히 빌헬름 3세의 승인 아래 전쟁부가 창설되었지만, 그는 전쟁부의 존재 자체가 국왕에게 가장 중요한 군사 분야에 대한 자신의 고유 권한을 침해한다고 생각했다. 비록 그는 체계적인 군사 지휘기구의 부재에 따른 여파로 나폴레옹에게 굴욕적인 패배를 당해 전쟁부의 창설에 동의는 했지만, 군주로서 전쟁부를 넘어선 군에 대한 전반적인 통제권은 계속 유지하고 싶어 했다. 그래서 프리드리히 빌헬름 3세는 의도적으로 신생 부서인 전쟁부의 수장인 장관을 공식적으로 임명하지 않았다. 대신 혁신파의 수장인 샤른호르스트를 전쟁총괄실장으로 임명하고, 군사재조직위원회의 일원이자 보수

---

112   강창구 · 김행복, 앞의 책, pp. 73~74.

파의 일원인 로툼 백작을 군사경제실장으로 임명했다. 그는 혁신파와 보수파 모두에게 권한을 분산함으로써 양대 세력이 협력해서 군사 업무를 처리하도록 했다. 전쟁 장관 임명을 요구하는 혁신파들의 거듭된 요청에 프리드리히 빌헬름 3세는 1814년 6월에서야 마지못해 보이엔을 전쟁 장관으로 임명하였다.[113]

프로이센군의 전쟁 지휘 상부구조의 혁신과 더불어 하급 제대의 편제 조정도 이루어졌다. 나폴레옹 전쟁을 통해 효과적인 전투력 발휘에 유리하다고 검증된 사단과 군단 편제의 적극적인 도입과 정착이 추진되었다. 전쟁 이전에 프로이센군도 사단과 군단 편제를 도입했지만, 이는 인위적으로 연대급으로 편성된 프로이센군을 물리적으로 조합한 전투편성이라 실제 전투에서는 큰 역할을 하지 못했다. 또한, 기존의 단일 병과 중심의 부대 운용으로는 제 병과가 망라된 협동전투에 한계가 있다는 사실도 명확히 인식했다. 따라서 프로이센군은 보병, 포병, 기병이 조화된 사단과 여기에 독립적인 전투근무 지원 체계까지 겸비한 군단 체계를 도입하여 정착하려 했다.

프로이센군의 실질적인 사단과 군단 편성은 파리 조약에서 규정한 정규군 규모의 통제에 따라 많은 제약을 받게 되었다. 프로이센군의 전체 병력 규모가 4만 2,000명으로 통제됨에 따라 프로이센군은 군단 편성은 엄두도 낼 수 없었고, 실질적인 사단 편성도 곤란한 상황이었다. 결국, 프로이센군은 6개의 사단을 구축하려던 최초

---

113   Cordon A. Craig, 앞의 책, pp. 51~54.

계획을 수정하여 6개의 여단과 3개의 포병여단으로 변경해야만 했다. 그나마 6개의 여단은 8개의 보병대대와 12개의 기병대를 혼합 편성함으로써 보병과 기병의 전투력이 통합된 증강된 편제를 유지했다.[114] 그리고 증강된 2개의 여단을 통합해 전시에 군단을 편성하도록 구상했다. 이것이 프랑스군의 감시하에 있는 프로이센군이 통합적인 전쟁지휘기구 창설과 실질적인 전투편제 도입 분야에서 취할 수 있는 군사혁신의 전부였다. 샤른호르스트는 현실적 한계에 좌절하지 않고, 제도적 군사혁신을 위한 노력을 혁신파 장교들과 함께 계속했다.

3) 장군참모부의 제도화

1802년 1월, 마센바흐 대령의 건의로 시작된 장군참모부의 개편은 1804년 1월, 프리드리히 빌헬름 3세가 장군참모부의 개편을 승인하고 게우사우 장군을 수장으로 임명함으로써 본격화되었다. 샤른호르스트도 장군참모부 개편에 적극적으로 협력하여 신임 장군참모장교 선발과 교육을 직접 관장했다. 그리고 1805년에는 초보적 형태이지만, 각 군단급까지 장군참모를 참모장으로 편성했다. 하지만 임무와 역할이 제도화되지 않은 장군참모는 실제 전쟁에서 큰 역할을 하지 못했다. 그나마 프로이센군에서 정예 장교로 선발되어 파

---

114   Cordon A. Craig, 앞의 책, p. 46.

견된 장군참모에 대한 보수파 고급 지휘관들의 반대와 무관심도 이에 기여했다.

나폴레옹 전쟁에서의 패전으로 기세등등하던 원로 귀족들의 사기도 한풀 꺾였다. 전쟁 이전에는 샤른호르스트가 아무리 혁신적인 의견을 건의하더라도 국왕이나 군 원로들이 그의 의견을 무시했다. 하지만 굴욕적인 패전의 여파로 충격을 받은 프리드리히 빌헬름 3세는 보수적인 원로들보다는 혁신파의 의견에 좀 더 귀를 기울이게 되었다. 샤른호르스트는 지금이야말로 프로이센의 군사혁신을 단행할 절호의 기회라고 보고 국왕의 마음이 변하기 전에 군사혁신을 제도화시키기 위해 노력했다.

샤른호르스트는 장교 후보생 시절부터 계몽주의에 심취했었고, 여러 학자와의 교류를 통해 매우 근대적인 사고를 하고 있었다. 하지만 샤른호르스트는 실용주의적 현실주의자였다. 그는 프랑스혁명과 같은 급진적인 민주주의 이념은 프로이센에 혼란을 가져올 것으로 생각했고, 현재의 정치체제를 유지한 가운데 적용할 수 있는 군사 혁신안을 고민했다. 그는 전제 군주가 존재하는 한, 전시의 고급 지휘관은 능력보다는 충성심이나 신분을 고려해 결국 왕족이나 귀족 출신 지휘관이 맡을 수밖에 없을 것으로 생각했다. 그렇다면 그가 선택할 수 있는 길은 정예 장교로 구성된 장군참모부를 제도화함으로써 지휘역량이 부족한 고급 지휘관을 보좌하여 전쟁을 수행하는 것뿐이라고 생각했다. 따라서 샤른호르스트는 프로이센의 군사혁신에서 가장 중요한 제도가 장군참모부라고 생각했다. 그는 프로이센군에 장군참모부를 제도화하기 위해 마지막까지 노력을 기울였다.

나폴레옹은 파리 조약으로 프로이센군 병력을 4만 2,000명으로 제한했지만, 항상 다중의 감시망을 형성해 프로이센 내부를 지켜보고 있었다. 그래서 샤른호르스트는 나폴레옹의 눈을 피해 장군참모부를 제도화할 수밖에 없었다. 그는 언젠가는 프로이센군을 이전과 같이 대규모로 확장할 수 있는 때가 올 것으로 판단해 은밀하게 장군참모부도 확장할 계획을 구상했다. 1808년 3월 1일, 샤른호르스트가 장군참모부장으로 공식 임명됨으로써 장군참모 제도에 대한 그의 구상을 본격화했다. 샤른호르스트 이전에도 게우사우 장군같이 장군참모부 수장을 맡은 인원이 존재했지만, 조직 본연의 의미 이해와 제도화에 힘쓴 근대적 의미에서의 실질적인 초대 장군참모부장은 샤른호르스트였다. 샤른호르스트 임명 이후 19세기 초반 장군참모부장 현황은 〈표 7〉과 같다.

〈표 7〉 역대 장군참모부장(1808~19)

구 분	계 급	대 상	재 임 기 간
1대	소장	샤른호르스트	1808. 3 ~ 1810. 6
2대	대령	하케	1810. 6 ~ 1812. 3
3대	대령	라우치	1812. 3 ~ 1813. 3
4대	중장	샤른호르스트	1813. 3 ~ 1813. 6
5대	소장	그나이제나우	1813. 6 ~ 1814. 6
6대	소장	그롤만	1814. 6 ~ 1819.12

샤른호르스트는 장군참모부장으로 부임하자마자 장군참모의 선발과 교육훈련, 배치에 직접 관여했다. 그래서 장군참모부의 정식 정원 반영과 확충을 위해 지속적으로 노력했고, 1809년 3월에는 전쟁부 예하 전쟁총괄실에 정식 부서로 편성했다. 그리고 이때부터 장군참모부를 야전부대까지 확장하기 위해 베를린의 전쟁부에 배치된 장군참모와 일선에 있는 야전부대에 배치된 장군참모를 구분하여 기능을 분화시켰다.[115] 또한, 샤른호르스트는 장군참모부장에서 물러나기 직전인 1810년 1월에는 장군참모들의 교육훈련 과정에 잠재적인 전장 지역인 국경 주변의 지형 숙지를 위한 전장 답사를 포함시켰다. 그리고 제대별 참모장으로서의 실무능력 향상을 위해 각종 우발상황에 대한 작전계획 수립과 하달, 시행에 이르는 전 분야에 대한 실무능력 향상을 추진했다.[116]

샤른호르스트는 특히 자신의 경험에서 비롯된 전장 답사를 매우 중요하게 생각했다. 그는 장군참모들에게 지도와 비교한 현지의 지형을 미리 숙지시킴으로써 경험과 역사적 사례를 바탕으로 해당 지역에서의 구체적인 계획을 수립할 수 있는 능력을 갖추도록 했다. 장군참모들은 지형을 고려한 기동 속도, 기능별 부대 배치 등을 산출할 수 있어야 했고, 이를 토대로 적절한 기동로 및 전투준비에 필

---

115 마상현, "참모 제도사 고찰(I): 참모조직 이론, 고대 및 독일군 참모제도" 『군사평론』 제377호, 2005. 12, pp. 58~59.

116 Peter Hofschröer, *Prussian Staff & Special Troops 1791-1815* (Oxford: Osprey Publishing, 2003), p. 11.

요한 시간까지 구체화할 수 있어야 했다. 그는 대부분의 경우 참모장인 장군참모들의 판단이 실제와 정확히 일치해서 야전사령관들이 장군참모가 수립한 작전계획을 그대로 실행해도 문제가 없을 정도의 실무능력을 요구했다.[117] 샤른호르스트는 장군참모가 제도화하기 위해서는 스스로의 군사 역량을 공식적으로 인정받아야 했기에 최고 수준의 장교 교육과정을 적용했다. 샤른호르스트의 관심과 애정으로 장군참모들의 역량은 점점 프로이센군에서 타의 추종을 불허하게 되었다.

장군참모부의 제도화를 추진한 샤른호르스트가 급사한 이후에도 혁신파들의 노력은 중단되지 않았다. 샤른호르스트 생전에 군사협회나 군사재조직위원회에서 군사혁신의 비전을 공유한 혁신파 장교들이 제도화를 공고히 하기 위해 노력을 지속했다. 특히 샤른호르스트에 이어 5년간 장군참모부장을 역임하면서 장군참모부의 제도화에 결정적으로 기여한 그롤만은 1814년에 장군참모부의 설립 목적에 대해 아래와 같이 언급했다.[118] 그는 이 글을 통해 장군참모부가 지향해야 하는 방향성과 중요성에 대해서 명확하게 제시했다.

---

117 William H. McNeill, 앞의 책, p. 292.
118 육군본부, 앞의 책, p. 106.

장군참모부는 평시부터 군사 전문지식을 바탕으로 모든 병과의 운용과 특성을 이해하는 지휘 능력과 판단력을 겸비한 덕성 있는 장교를 육성하기 위한 목적에서 설립되었다. 따라서 장군참모부를 평시의 특수 조직으로 인식하거나 다른 참모조직과 비교하는 것은 무의미하다. 한편 장군참모장교라 할지라도 능력이 부족한 장교도 발생할 수 있는데, 만약 이런 인물이 군의 최고 직위에 진급하게 되면 이는 군에 암적인 존재가 될 것이다. 그래서 장군참모장교들은 전시에 주어진 모든 임무를 수행할 수 있도록, 평시부터 육군의 기본교육 과정에 대한 철저한 이수를 통해 군사 전문지식의 함양과 지휘 능력 확충에 노력해야 한다.

샤른호르스트는 장군참모부를 정착시키는 과정에서 장군참모의 정예화를 위해 엄격한 자격요건을 제시했다. 그 과정에서 장군참모가 프로이센군의 핵심이라는 인식이 확산되자, 많은 초급장교들이 장군참모부에 지원했고, 이를 통해 우수인원을 장군참모로 선발할 수 있었다. 샤른호르스트가 프로이센군의 실질적인 주체로서 장군참모를 제도화하는 노력을 계속하자, 이를 지켜보던 나폴레옹의 압박이 지속되었다. 프리드리히 빌헬름 3세는 어떻게든 샤른호르스트를 군사혁신의 핵심으로 중책을 계속 부여하려 했으나, 나폴레옹의 요구로 결국 그를 해임할 수밖에 없었다. 결국, 샤른호르스트는 1810년 6월 17일, 군사재조직위원장, 전쟁부 예하의 전쟁총괄실장, 장군참모부장의 모든 중책에서 물러나, 슐레지엔의 요새 감찰관이라는 한직으로 물러나야 했다.

4. 프로이센의 해방전쟁과 군사혁신의 제도화

1806년 10월에 시작된 제4차 대프랑스전쟁은 프랑스와 프로이센의 전쟁으로 시작되었으나, 12월에 러시아가 프로이센을 지원하기 위해 개입함으로써 규모가 확대되었다. 결국, 1807년 7월의 틸지트 조약으로 종결된 제4차 대프랑스전쟁에서 러시아는 나폴레옹의 우호적인 태도로 큰 피해를 입지 않았으나, 전쟁의 최초 동기 제공자로 지목된 프로이센은 참담한 대가를 치러야 했다. 패전으로 인해 프로이센은 프랑스의 실질적인 속국으로 전락했다.

나폴레옹의 배려로 국왕의 지위를 유지하게 된 프리드리히 빌헬름 3세는 나폴레옹의 눈치를 보며 그를 두려워했다. 트라우마에 가까운 그의 심리적 위축은 이후로도 프로이센의 국정 기조에 반영되었다. 프리드리히 빌헬름 3세는 샤른호르스트를 등용해 군사혁신을 추진했지만, 이는 나폴레옹의 속박에서 벗어나려는 시도라기보다는 보수파 원로들에 대한 불만 표출과 현실 부정에 가까웠다. 하지만 짧은 기간이나마 그가 보수파보다는 혁신파를 등용했다는 사실은 프로이센의 군사혁신에 매우 중요한 계기를 제공했다. 샤른호르스트도 프로이센 내부의 이런 역학관계를 간파하고 있어서 프로이센의 군사혁신을 최대한 신속하게 추진하기 위해 노력했다.

프리드리히 빌헬름 3세의 태세 전환은 나폴레옹이 러시아 원정에 실패하면서 시작되었다. 물론 1812년까지 그는 여전히 프랑스의 신실한 동맹군을 자처했고, 이 기회에 프랑스군을 몰아내고자 주장하는 혁신파들의 건의를 외면했다. 서서히 자신감을 회복한 프리드리히 빌헬름 3세가 전향적인 입장에서 프랑스에 대한 인식이 바뀌기 시작한 것은 1813년 1월부터였다. 계층을 막론하고 프로이센 전역에서 애국적인 민족주의 운동이 활발해지고, 프로이센 왕조의 본산지인 쾨니히스베르크를 비롯한 동부지역에서도 프랑스에 대항하고자 하는 움직임이 활발해지자 국왕도 마침내 입장을 바꾸게 되었다. 이때부터 최종적인 나폴레옹의 몰락을 확정 지은 1815년 6월까지 프로이센이 추진한 전반적인 투쟁을 독일 역사에서는 해방전쟁(Befreiungskriege)이라고 부르고 있다.

샤른호르스트와 그나이제나우를 중심으로 하는 프로이센군의 혁신파들은 프랑스의 속박에서 벗어나기 위해 러시아와의 동맹 체결이 필수적이라고 생각했다. 프로이센군은 파리 조약으로 인해 엄중한 군비통제를 당하고 있는 입장이어서 독자적으로는 프랑스군에 대항할 여력이 없었다. 그래서 샤른호르스트는 서서히 프랑스와의 외교적 이견이 커지고 있던 러시아와의 동맹 체결을 적극적으로 추진했다. 프리드리히 빌헬름 3세도 나폴레옹의 눈치를 보는 상황이었지만, 민족주의 열풍이 휘몰아치고 있던 국민적 정서를 무시할 수는 없었다. 또한 그는 대의명분이 분명한 해방운동의 동력자로서 러시아와의 결속을 강화해야 한다는 혁신파들의 주장을 계속 거부할 수 없었다. 그 결과 1811년 10월 17일, 프로이센은 비밀리에 러시아와 군사동맹을 체결했다. 하지만 프리드리히 빌헬름 3세는 프랑스를

의식하여 조약 체결 이후에도 비준을 의도적으로 지연시켰다.[119]

틸지트 조약을 통한 러시아와 프랑스의 우호 관계는 그리 오래 지속되지 않았다. 영국과의 무역 중단으로 러시아는 주 수입원인 농산물 수출이 차단되자, 심각한 경제위기에 봉착했다. 결국, 러시아는 조금씩 영국과의 무역을 비밀리에 재개했고, 1810년 12월 31일에는 대륙봉쇄령의 공식적인 탈퇴를 공표했다. 이에 나폴레옹은 러시아의 배신에 대한 응징을 결심했다. 러시아는 기존의 오스트리아나 프로이센에 비해 방대한 거리의 원정이 필요했기에 나폴레옹은 러시아 원정에 앞서 동맹국들에 다양한 형태의 지원을 압박했다. 이에 따라 1812년 2월 24일, 파리 조약을 통해 프로이센은 러시아 원정을 준비 중인 프랑스에 병력을 지원하기로 약속했다.

파리 조약의 체결로 샤른호르스트가 그동안 비밀리에 추진하던 군사혁신 노력은 상당한 타격을 입었다. 혁신파들은 국왕의 결정에 경악을 금치 못했다. 조약에 따라 프랑스와 러시아 간에 전쟁이 발발하게 되면, 프로이센은 2만 명의 병력을 제공해야 했고, 전쟁 준비를 위해 프로이센군의 2개 요새를 프랑스군에 양도해야 했다. 또한, 프로이센군의 모든 부대 활동은 나폴레옹의 승인 하에서만 가능했다. 프로이센군의 독단적인 병력 동원이나 부대 이동 등의 모든 군사 활동은 금지되었다. 프리드리히 빌헬름 3세는 나폴레옹에게 많은 것을 양보하고도 실질적으로 얻어낸 것은 아무것도 없었다.

---

119   임종대, 앞의 책, pp. 299~300.

파리 조약 체결 이전부터 샤른호르스트를 비롯한 혁신파들은 프랑스와의 동맹 체결에 적극적으로 반대했다. 하지만 프리드리히 빌헬름 3세는 파리 조약을 통해 프랑스를 지원하기로 결정했고, 이 소식이 들려오자 많은 혁신파들은 더 이상 리더십이 부족한 국왕에 따를 수 없다고 판단하여 집단적인 사의를 표명했다. 당시 프로이센군 장교단의 25%에 달하는 장교들이 일제히 전역 지원서를 제출했다. 클라우제비츠는 프랑스군을 지원하기보다는 차라리 나폴레옹과 싸우겠다며 러시아군으로 이적했으며, 보이엔도 사임하고 나폴레옹에 반대하는 오스트리아와 러시아 등을 다니며 견문을 쌓았다. 샤른호르스트도 공식적으로 사의를 표명했으나, 프리드리히 빌헬름 3세는 이를 허락하지 않았다.[120] 특히 샤른호르스트의 수제자라 할 수 있는 클라우제비츠는 국가의 실질적인 주권과 자유를 박탈당하고 프랑스의 속국으로 전락한 프로이센의 현실을 안타까워하며, 프로이센에 대한 애국심과 함께 프랑스에 대한 극도의 적개심을 표출했다. 그래서 클라우제비츠는 러시아군으로 이적하기 전에 프로이센군 혁신파들의 심경과 의지를 담은 여러 편의 글을 남겼는데, 그중의 백미는 바로 아래의 'I believe and profess(나의 믿음과 고백)'이다.[121]

120　Craig, 앞의 책, p. 58.

121　Edward M. Collins eds., *War, Politics & Power* (South Bend, Indiana: Regnery/ Gateway, 1962), pp. 301~304.

나는 인간 본연의 존엄(Dignity)과 자유(Freedom)보다 더 가치 있는 것은 절대 존재할 수 없다고 믿고, 단언한다. 우리는 이러한 가치를 수호하기 위해 마지막 피 한 방울까지 쏟아부어야 한다. 우리에게 이보다 숭고한 의무나 복종해야 할 법은 존재하지 않는다. 굴종이 가져온 수치는 결코 사라지지 않는다. 우리의 혈관 속에 새겨진 굴종이라는 독소는 우리의 후손들에게 전해져 그들을 마비시키고, 손상시킬 것이다. 명예의 실추는 한 번이어야 한다. 우리가 자유를 회복하기 위한 용맹스러운 투쟁을 계속한다면, 우리는 결코 굴복한 것이 아니다. 피 흘릴 각오로 명예로운 투쟁을 단행한다면 우리는 자유를 회복할 수 있다. 그리고 그러한 투쟁이 새로운 나무의 꽃을 피울 생명의 씨앗이 될 것이다.

··· (중략) ···

나는 개인적인 감정은 배제한 채, 단언한다. 나는 모든 국민 앞에 나의 생각과 감정을 고백한다. 나는 찬란한 투쟁을 통해 조국의 자유와 위대함의 회복이라는 영화로운 결말을 볼 수 있다면 행복할 것이다.

··· (중략) ···

국가는 기교나 책략만으로는 외세의 압박과 지배로부터 자유를 지켜낼 수 없다. 이를 위해 국가는 전쟁을 주저하지 말아야 한다. 국가는 천 배의 이익을 얻기 위해서라면, 천 명의 목숨을 걸어야 한다. 이러한 각오만이 외세에 결박된 암울한 현실에서 조국을 다시 일으킬 수 있다.

··· (중략) ···

내가 강조하는 가장 중요한 정치적 규칙은 다음과 같다. 첫째, 경계를 소홀히 하지 마라. 둘째, 타국의 관용을 절대 기대하지 마라. 셋째, 의심할 여지 없이 불가능한 상황이 아니라면, 목표에 도달할 때까지 절대 포기하지 마라. 넷째, 국가의 명예를 신성시해라. 시간은 여러분의 것이다. 성공은 전적으로 여러분에게 달려 있다.

프로이센의 수많은 국민과 군의 혁신파 장교들이 이렇듯 프로이센의 해방을 위해 헌신함에도 불구하고, 프리드리히 빌헬름 3세는 주저하고 있었다. 하지만 나폴레옹의 러시아 원정은 프로이센에 위기이자 새로운 기회를 가져왔다. 러시아 원정을 결정한 나폴레옹의 요구에 따라 1812년 3월 4일, 프리드리히 빌헬름 3세는 파리 조약에 근거한 지원군의 편성을 지시했다. 러시아 원정을 위해 조성된 프랑스 대육군은 우방국의 지원군을 포함하여 전체 병력이 66만 5,000명에 달했다.[122] 나폴레옹은 프로이센에도 2만 3,000명의 병력 지원과 진군을 위해 프로이센 영토의 통과에 대한 승인을 요구했다. 또한, 나폴레옹은 프로이센에 군수물자로 밀가루 3만 600톤, 맥주와 브랜디 200만 통, 건초 5만 1,000톤, 군마 1만 5,000필, 황소 4만 4,000필, 마차 3,600대 외에 의료품과 탄약도 요구했다. 비용은 프로이센이 프랑스에 지불해야 할 전쟁배상금으로 정산하기로 했다. 전체 비용은 8,500만 탈러에 달했으나, 이 중 1,200만 탈러는 끝내 정산되지 않았다.[123] 프로이센군 이외에도 라인동맹을 비롯한 독일계 국가들의 지원 병력도 15만 명을 넘는 상당한 수준이었다. 세부 현황은 아래 〈표 8〉과 같다.

1812년 3월부터 6월까지 프랑스 대육군은 순차적으로 프로이센과 러시아 국경지대로 이동했다. 60만 명이 넘는 대규모 병력의 기동로에 위치한 프로이센의 도시는 초토화되어 갔다. 프랑스군의 강제 징발로 프로이센 국민들이 굶주림에 시달렸고, 농사를 위한 종자용 씨앗도 약탈당함으로써 절망에 빠졌다. 프로이센 국민들은 프랑스군의 약탈을 피하려고 식량과 가축을 집안 은밀한 곳이나 인근 숲

---

122 러시아 원정에 참전한 66만 5,000명의 프랑스 대육군 중에서 원정의 실패로 최초 출발 지점으로 복귀할 수 있었던 병력은 9만 3,000명에 불과했다. Michael Clodfelter, 앞의 책, p. 163.

123 Karen Hagemann, 앞의 글, p. 593.

〈표 8〉 러시아 원정 당시 독일계 국가들의 병력 지원 현황[124]

단위: 명

국 가	바이에른 왕국	베스트팔렌 왕국	작센 왕국	뷔르템베르크 왕국	바덴 대공국
인 원	30,000	25,000	20,000	12,000	8,900
국 가	베르크 대공국	헤센-다름슈타트 대공국	나사우 공국	프랑크푸르트 대공국	작센 (기타 공국)
인 원	5,000	4,000	3,800	2,800	2,800
국 가	뷔르츠부르크 대공국	멕클렌부르크-슈베린 공국	리히텐슈타인	오스트리아 제국	총 계
인 원	2,000	1,900	40	33,000	151,240

에 숨기기도 했으나, 이 또한 번번이 프랑스군에 노출되어 약탈되었다. 프로이센 국민들은 프랑스군의 전례 없는 혹독한 약탈에 무방비로 노출되었다. 정부의 압박에 시달린 지방 관료들은 스스로 목숨을 끊은 경우도 비일비재했다. 프랑스군의 횡포는 침략군이었던 1807년보다 동맹국인 1812년이 더욱 심각했다. 프로이센 국민들은 프랑스군에 치를 떨었고 분노했다. 이러한 국민적 분노는 프로이센 해방전쟁의 동력이 되었고, 발화점만 제공된다면 프랑스군에 대한 전면적 저항의 분위기가 무르익고 있었다.

60만 명이 넘는 프랑스 대육군을 상대할 러시아군의 병력은 프

---

124   임종대, 앞의 책, p. 304.

랑스 대육군의 절반에 불과했다. 러시아군은 3개 군으로 나누어 넓은 전선에 병력을 배치했다. 가장 많은 병력을 보유한 제1군은 톨리(Michael Andreas Barclay de Tolly, 1761~1818)[125] 장군을 사령관으로 하여 12만 6,000명의 병력으로 구성되었다. 제2군은 바그라티온(Pyotr Ivanovich Bagration, 1765~1812) 장군이 지휘하는 4만 7,000명의 병력으로 구성되었으며, 제3군은 토르마소프(Alexander Petrovich Tormasov, 1752~1819) 장군이 지휘하는 4만 5,000명의 병력으로 구성되었다. 프랑스 대육군을 저지할 제1선에 배치된 러시아군은 21만 8,000명에 불과했다.[126]

프리드리히 빌헬름 3세는 프랑스 지원군 사령관으로 블뤼허 장군을 고려했으나, 블뤼허 장군이 프랑스군의 일원으로는 참전할 수 없다면 사임하자, 결국 요르크(Johann David Ludwig von Yorck, 1759~1830) 장군을 사령관으로 하여 프랑스군을 지원하도록 했다. 보수파 출신이었지만, 합리적인 온건파였던 요르크 장군은 샤른호르스트의 군사혁신에 일정 부분은 동의했다. 그는 국왕의 지시에 의해 프랑스군의 지휘를 수용해야 했지만, 적극적으로 프랑스군을 지원할 생각은 없었다. 따라서 요르크 장군은 프랑스군의 지휘에 소극

125 톨리 장군은 리투아니아에 거주하던 독일계 출신이었으나, 그의 부친이 러시아에서 귀족 작위를 받음으로써 러시아군 장교로 군 생활을 시작했다. 하지만 그는 가풍의 영향으로 독일어는 물론 독일 문화에 능통했고, 독일계 국가들에 우호적인 감정을 갖고 있었다. 이후 그는 나폴레옹의 러시아 원정 과정에서 프로이센군에서 이적한 많은 장교들을 그의 참모로 등용했고, 그중에 클라우제비츠도 포함되었다.

126 Gregory Fremont-Barnes · Todd Fisher, 앞의 책, pp. 264~265.

요르크는 보수파 장군으로 나폴레옹의 러시아 원정 당시 프로이센군의 총사령관으로 프랑스 대육군에 참가했다. 하지만 그는 프랑스군 지휘부의 지침에 소극적으로 대응했고, 급기야 1812년 12월에는 국왕의 승인 없이 러시아군에 우호적 중립을 유지하는 타우로겐 조약을 체결함으로써 국왕으로부터 반역자 처분을 받았다. 하지만 혁신파들의 노력으로 프로이센군은 물론, 국민 대다수가 프랑스에 대한 군사적 대응을 지지하자, 결국 프리드리히 빌헬름 3세도 입장을 전환하여 러시아와 동맹을 맺고, 해방전쟁에 적극적으로 돌입하도록 하는 데에 결정적으로 기여했다.

[사진 출처: Wikimedia Commons/Public Domain]

적인 자세로 일관했고, 프랑스군 지휘부에서는 요르크 장군에 대한 불만을 프로이센 정부에 토로하곤 했다.

프리드리히 빌헬름 3세는 1806년의 전쟁에서 경험한 대패의 후유증으로 나폴레옹의 천재성을 지나치게 과대평가했다. 따라서 그는 역설적이게도 러시아 원정을 계기로 본격적인 프로이센의 해방전쟁을 추진해야 한다는 각료들을 적극적으로 제지했다. 하지만 프로이센 내에서 프랑스에 대한 반감은 혁신파나 보수파나 모두 동일했다. 프리드리히 빌헬름 3세는 궁정 내에 노골적으로 표출되던 반프랑스 정서를 애써 외면했다. 요르크 장군도 의도적으로 프랑스군의 진군을 방해하기 위해 엉뚱한 방향으로 기동하거나, 기동 속도도 지연시켰다. 그는 한때 프로이센의 동맹국이었던 러시아군과의 전투를 원치 않았다. 따라서 요르크 장군은 러시아군과의 충돌을 최대한 피했다.

1812년 6월 24일, 니멘강을 넘으며 자신만만하게 시작된 나폴레옹의 러시아 원정은 속전속결을 원한 나폴레옹의 진군 압박으로 개전 초부터 많은 문제점을 야기했다. 65만 명의 대군을 유지하기 위한 프랑스군의 보급지원 능력은 개전 직후부터 한계에 봉착했다. 러시아군은 프랑스군의 현지 조달 방식을 간파하고 있어서 철수하면서 식량을 비롯하여 프랑스군이 활용할 수 있는 모든 시설과 물자를 파괴했다. 식량은 물론 수많은 군마를 먹일 사료도 절대적으로 부족한 상황에 봉착하자, 프랑스군의 비전투손실이 급격히 증가했다. 이러한 상황은 러시아군의 철수와 프랑스군의 진격이 진행될수록 급격히 악화되었다.

개전 이후 2주 동안 프랑스군은 큰 전투를 치르지도 않았는데, 이미 13만 5,000명의 병력을 상실하고 말았다. 이로 인해 프랑스 대육군이라는 이름에 걸맞지 않게 원정군 병사들의 사기는 급격히 저하되었다. 이러한 전선 상황은 병사들의 편지를 통해 고향으로 전해졌고, 독일계 국가들의 민심도 급격히 악화되었다. 급기야 사태의 심각성을 인식하고, 후방의 동요를 우려한 뷔르템베르크의 프리드리히 1세(Friedrich I, 1754~1816〈재위: 1797~1816〉)는 1812년 8월, 자국 병사들의 우편 발송을 금지하기도 했다.[127]

나폴레옹은 러시아 원정 과정에서 두 번에 걸친 주력 결전을 수행했다. 그 첫 번째 전투는 모스크바(Moscow)에서 남서쪽으로 360km 떨어진 전략적 요충지인 스몰렌스크(Smolensk)에서 발생했다. 스몰렌스크 전투는 8월 17일부터 18일까지 이틀에 걸쳐 진행되었다. 나폴레옹은 17만 5,000명의 병력으로 러시아군의 주력인 톨리 장군의 12만 5,000명 병력을 스몰렌스크에서 섬멸하려 했다. 하지만 톨리 장군은 매복 공격을 병행한 전략적 후퇴를 통해 프랑스군을 내륙으로 깊숙이 유인했고, 이를 통해 프랑스군의 병참선 신장과 고립을 심화시켰다. 나폴레옹도 러시아군의 주력을 섬멸하기 위해 스몰렌스크를 포위하여 러시아군을 섬멸하려 했으나, 결국은 실패했다. 톨리 장군은 철수과정에서 철저히 도시를 파괴함으로써 프랑스군이 스몰렌스크를 점령함으로써 얻을 수 있는 것은 아무것도 없

127　임종대, 앞의 책, pp. 305~306.

었다. 이틀에 걸친 전투 끝에 러시아군은 6,000명의 사상자만 남긴 채 무사히 철수할 수 있었고, 프랑스군은 9,000명의 사상자가 발생했다. 외형적으로는 프랑스군이 승리하고 도시를 점령했으나, 프랑스군의 심각한 보급상황은 러시아군보다 프랑스군의 사기를 더 악화시켰다.

모스크바 방어를 위한 최후의 결전은 9월 7일, 모스크바 외곽의 보로디노(Bolodino)에서 시작되었다. 알렉산드르 1세는 모스크바만큼은 지키고 싶어 했기에 전략적 후퇴를 중단하고, 쿠투조프(Mikhail Kutuzov, 1745~1813) 원수를 총사령관으로 임명하여 모스크바를 방어하도록 명령했다. 나폴레옹의 프랑스군 병력은 13만 명이었고, 쿠투조프 원수의 러시아군은 12만 800명이었다. 전체적인 병력이나 화력은 비슷했으나, 기병은 프랑스군이 2만 8,000명으로 러시아군의 1만 7,500명보다 우세했다. 러시아군도 보로디노에서만큼은 후퇴하지 않고 완강히 저항했다. 그 결과 치열한 접전이 계속되면서 양측의 피해가 급속히 증가했다.

보로디노 전투 결과, 프랑스군은 6,547명의 전사자와 2만 1,452명의 부상자가 발생했다. 그 가운데 12명의 장군이 전사했고, 35명의 장군이 부상을 당했다. 고위 지휘관이던 네 원수도 총상으로 부상을 입었다. 한편 러시아군은 1만 5,000명이 전사하고, 3만 명이 부상을 당했다. 특히 전투 간 제2군 사령관이던 바그라티온 장군이 전사할 만큼 전투는 격렬했다. 결국, 러시아군이 9월 13일에 모스크바에서 철수하면서 프랑스군은 9월 14일에서야 모스크바에 입성할 수 있었다. 하지만 모스크바는 폐허로 변해있었고, 기대하던 알렉산드르 1세의 강화사절은 오지 않았다.

모스크바 점령 직후인 9월 15일부터 러시아군의 현지 조달과 병영주둔지 파괴를 위한 의도적인 방화로 모스크바 전체가 심각한 피해를 입으면서 나폴레옹은 앞으로의 전망을 우려하기 시작했다.[128] 나폴레옹은 수차례 러시아 진영에 사절을 보내 회담 개최를 요구했으나, 러시아 진영은 알렉산드르 1세의 엄명에 따라 일체의 대화를 거부했다. 결국, 나폴레옹은 모스크바에서 고립되어 동계전투를 진행하는 것은 파멸적 결과를 가져올 것으로 판단하여, 철군을 결심했다. 이제 전쟁의 주도권은 러시아군이 장악했다.

요르크 장군은 프랑스군 제10군단의 일원으로 러시아 방향으로 진군했지만, 10월 19일에 나폴레옹이 모스크바에서 철군을 단행[129]하자 일방적으로 더 이상의 진격을 멈추었다. 그는 점점 독립적인 지휘관처럼 행동했고, 서쪽이 아닌 북쪽으로 병력을 기동시켰다. 요르크 장군은 의도적으로 러시아군과의 전투를 회피하면서 프랑스군과의 간격을 점점 벌려 나갔다. 1812년 12월에 이르러 프로이센

---

128 Michael Clodfelter, 앞의 책, p. 162.

129 나폴레옹은 개전 3개월도 되기 전인 9월 14일에 러시아의 모스크바에 입성하자, 관례에 따라 알렉산드르 1세가 강화협상에 임할 것으로 예상했다. 하지만 나폴레옹의 모스크바 입성 다음 날인 9월 15일에 발생한 대화재로 모스크바가 폐허로 변한 가운데, 병참선의 신장으로 현지 조달에 의존해 온 보급에 문제가 발생하기 시작했다. 또한, 러시아가 프랑스에 대한 항전 의지를 명확하게 표명하자, 결국 나폴레옹은 모스크바 입성 한 달 만에 철군을 결정할 수밖에 없었다.

군이 리가(Riga)로 이동하면서 요르크 장군은 의도적으로 러시아군의 포위를 자처했다.

　요르크 장군의 의도를 간파한 러시아군은 12월 25일, 마침 러시아군의 군사고문으로 있던 클라우제비츠를 통해 프로이센군의 항복을 권유했다. 이에 클라우제비츠가 러시아 사절단의 일원으로 요르크 장군의 사령부를 방문했다. 클라우제비츠는 프로이센과 러시아의 동맹이 궁극적으로는 분열된 프로이센 지휘부의 결속을 가져올 것이라고 확신했다. 그리고 1808년 11월에 나폴레옹에 의해 쫓겨난 슈타인[130]도 클라우제비츠의 생각에 공감하며 러시아군의 입장에서 요르크 장군을 설득했다. 슈타인은 이번 기회에 프로이센이 러시아와 연합하여 프랑스 세력을 프로이센에서 축출하지 못한다면 자신도 프로이센을 떠날 결심을 하고 양국의 협력 관계 구축에 노력했다.

　1812년 12월 30일, 마침내 요르크 장군은 국왕의 승인 없이 프로이센 출신의 러시아 장군인 디비치(Hans Karl von Diebitsch, 1785~1831)와의 독단적인 협상 끝에 2개월간 중립을 유지하

130　슈타인은 1808년 11월, 프로이센에서 프랑스를 몰아내야 한다는 의견을 표명한 개인 편지가 프랑스 당국에 입수되면서 나폴레옹의 해임 요구에 직면하게 되었다. 프리드리히 빌헬름 3세가 슈타인의 해임을 주저하자 1808년 12월, 나폴레옹은 일방적으로 슈타인을 프랑스에 위협을 가할 수 있는 공공의 적으로 선포하고 일방적인 체포령을 내렸다. 결국, 신변의 위협을 느낀 슈타인은 나폴레옹의 영향력이 미치지 않는 오스트리아 외곽으로 도주했고, 그곳에서 나폴레옹에 대한 저항운동을 전개했다. Alexander Mikaberidze, 앞의 책, p. 537.

고, 러시아군의 프로이센 영토 진입을 허용한다는 타우로겐 조약 (Convention of Tauroggen)을 체결했다. 국왕의 승인 없는 조약 체결은 사실상 무효일 뿐만 아니라, 국왕의 고유 권한을 침해한 반역행위였 다. 더군다나 보수파인 요르크 장군의 결정은 본인의 가문뿐만 아니 라 국왕에게도 매우 충격적인 사건이었다. 프랑스 대육군의 일원이 었던 프로이센군이 이탈하여 러시아와 적대관계를 청산하자, 오스 트리아군도 1월 5일부터 러시아군과의 전투를 중지했다.[131]

조약 체결 직후인 1813년 1월 3일, 요르크 장군은 프리드리히 빌 헬름 3세에게 이제는 급변한 새로운 정세에 호응하여 나폴레옹과의 동맹을 끝내라고 충심으로 조언하는 편지를 발송했다. 1월 4일 오 후에는 프랑스군에도 요르크 장군의 입장 전환 소식이 알려졌다. 그 리고 프랑스군이 요르크 장군의 배신을 인지할 무렵, 프로이센에는 아직 15만 8,000명의 프랑스군이 주둔하고 있었다.[132] 요르크 장군 은 국왕에 대한 변함없는 충성을 맹세하며, 국왕의 처분이라면 죽음 까지도 감수하겠다는 결연한 의지를 내비쳤다. 하지만 프리드리히 빌헬름 3세는 편지와 함께 타우로겐 조약 체결의 소식을 듣고 요르 크 장군을 반역자로 간주하여 체포령을 내렸다. 그러나 동프로이센 에서 프로이센군의 주력을 지휘하고 있는 요르크 장군을 체포할 수 있는 세력은 존재하지 않았다. 더군다나 프리드리히 빌헬름 3세는

---

131 임종대, 앞의 책, p. 323.

132 George F. Nafziger, 앞의 책, p. 4.

프로이센의 혁신파들이 국민들의 전폭적인 지지 아래 은밀하고 조직적으로 프로이센의 해방전쟁을 추진하고 있다는 사실을 인식하지 못했다.[133]

요르크 장군은 보수파의 일원으로 혁신파에 반대 입장을 지속해 온 인물이었다. 프리드리히 빌헬름 3세는 믿었던 그의 변절을 이해할 수 없었다. 프랑스의 속국 신분이던 프로이센의 암울한 현실을 타파하기 위한 전방위적인 내부의 봉기와 저항에도 요르크 장군은 단호한 입장으로 이를 진압하는 데에 앞장서 왔던 인물이었다. 하지만 혁신파에 대한 거부감보다는 프랑스에 대한 적개심이 더 강했던 요르크 장군은 지금이야말로 프랑스의 압제에서 벗어날 때라고 생각했다. 그의 인식 변화에는 슈타인이나 클라우제비츠 같은 프로이센 혁신파들의 설득도 주효했다. 더군다나 프로이센과 융커의 발상지인 동프로이센의 민심을 몸소 확인한 그는 생각을 바꿀 수밖에 없었다.

요르크 장군이 국왕의 승인 없이 러시아와 단독 강화를 추진하자, 프리드리히 빌헬름 3세는 분노했다. 그래서 그는 1813년 1월, 나폴레옹의 오해를 막기 위해 하츠펠트(Franz Ludwig von Hatzfeldt, 1756~1827) 장군을 특사로 파리에 파견했다. 하지만 하츠펠트가 프랑스로 이동하는 동안 프리드리히 빌헬름 3세는 샤른호르스트를 비롯한 혁신파들의 간곡한 건의에 마음이 조금씩 변하기 시작했다. 그

---

133   Jonathan R. White, 앞의 책, pp. 238~240.

는 나폴레옹의 러시아 원정이 실패로 돌아간 이 순간, 나폴레옹과의 협약을 계속 유지할지, 아니면 새로운 제6차 대프랑스동맹에 가담할 것인지 결정해야 했다. 실질적으로 프로이센 지도부 중에서 프랑스와의 동맹을 고수하던 인물은 프리드리히 빌헬름 3세와 측근 일부일 뿐이었다.

반역자로 낙인찍힌 요르크 장군은 동프로이센의 점령지역에서 슈타인의 도움을 받아 지역 귀족들에게 프랑스군과의 전쟁에 동참할 것을 설득했다. 베를린 중앙정부와 대립각에 놓인 요르크 장군의 요청에 동프로이센의 귀족들은 국왕의 지시를 기다렸다. 그러나 이미 프랑스 주둔군의 폐해를 직접 경험한 주민들의 열광적인 프랑스에 대한 반감은 귀족들도 결국 요르크 장군의 편에 서도록 만들었다. 귀족들도 거대한 민심의 흐름을 거스를 수는 없었다. 슈타인은 지역 주민들의 동참을 촉구하기 위해 국가의 공적 봉사자인 국왕보다는 조국 프로이센을 위해 동참해 달라고 설득했다.

1813년 2월 5일, 동프로이센의 중심지인 쾨니히스베르크 의회가 슈타인과 요르크 장군을 초청해 현안에 대한 논의를 시작했다. 요르크 장군은 지역 의회에서 명예로운 프랑스군과의 항전을 호소했고, 전폭적인 지지를 받았다. 슈타인과 요르크 장군의 요청에 따라 동프로이센 주민들은 자발적인 징병에 동참했고, 초보적 형태의 국민군이 편성되었다. 의회의 논의를 거쳐 동프로이센에서 2만 명의 예비대와 지원병 1만 명을 소집하기로 결정되었다.[134] 역설적이게도 프로이센 왕조의 발상지이자, 가장 봉건적인 색채가 강한 지역인 동프로이센에서 국왕의 명령에 반한 프로이센 역사상 최초의 근대적인 국민군이 창설되게 된 것이다.

프리드리히 빌헬름 3세는 동프로이센에서 벌어지는 상황을 보고받고는 경악을 금치 못했다. 국왕의 승인 없이 국민군을 편성하는 상황은 국왕의 고유 권한을 침해하는 것으로 묵인할 수 없는 상황이었다. 또한, 프리드리히 빌헬름 3세는 국왕의 의사에 반한 이런 국민군은 왕조의 직접적인 위협으로 등장할 수도 있겠다는 사실에 공포심마저 느꼈다. 결국, 그는 국가가 분열되는 심각한 사태를 해결하기 위해 나폴레옹의 지침에도 불구하고 샤른호르스트를 다시 중책으로 등용했다. 비록 프랑스군이 여전히 베를린에 주둔하고 있었지만, 프리드리히 빌헬름 3세는 더 이상 내부의 혼란상을 방치할 수 없었다.

샤른호르스트와 함께 새롭게 신설된 직책인 총리(*Staatskanzler*)로 1810년 7월에 임명된 하르덴베르크(Karl August von Hardenberg, 1750~1822)도 국민군 편성에 지지를 표명함에 따라 프리드리히 빌헬름 3세도 조금씩 생각이 바뀌어 갔다. 1813년 1월 하순, 프랑스군과 러시아군 사이에서 갈등하던 프리드리히 빌헬름 3세는 신변 보호를 위해 베를린을 떠나 프랑스군의 영향력이 약해 상대적으로 더

---

134   Christopher Clark, 앞의 책, pp. 493~494.

안전한 브레슬라우로 이동했다. 국정이 혼란에 빠지고, 난처한 현실에 봉착하자 프리드리히 빌헬름 3세는 1807년 7월과 같은 중대 결단을 내려야 했다. 그리고 그 결단의 중심에는 샤른호르스트가 존재했다. 샤른호르스트는 프로이센이 위기에 처할 때마다 문제를 해결하는 해결사 같은 존재였다. 프로이센 전역에서 프랑스군에 대한 자발적 봉기가 발생하는 가운데 샤른호르스트는 이 난국을 해결해야 했다.

샤른호르스트는 이 기회를 활용해 일시적으로 프로이센을 등져야 했던 혁신파 동료들을 복직시키고자 했다. 그래서 러시아군의 사절단으로 와있던 클라우제비츠의 사면을 국왕에게 요청했으나, 분노한 프리드리히 빌헬름 3세는 클라우제비츠가 러시아 무관 자격으로 프로이센에 머무르는 것은 허용해도 프로이센군으로 받아들이는 전면적인 사면은 허용하지 않았다.[135] 반면 한때 반역자로 낙인찍혔던 요르크 장군은 사면받았다.[136] 프로이센 왕조의 발상지인 동프로이센에서 발생한 상황은 프로이센의 나머지 지역에도 확산되어 전국적인 동요가 발생했다. 결국, 전국적인 국민 여론을 무시할 수

---

135 클라우제비츠는 1815년에 이르러서야 프리드리히 빌헬름 3세로부터 사면받았다. 이후 그는 3군단장인 틸만(Johann Adolf von Thielmann, 1765~1824) 장군의 참모장으로 제7차 대프랑스동맹전쟁에 참가하여 워털루 전투의 승리에 결정적으로 기여했다.

136 요르크 장군은 3월 17일에서야 베를린으로 복귀할 수 있었고, 그의 부대는 프로이센 해방전쟁의 핵심부대 역할을 했다. 이후 1814년 3월, 요르크 장군은 프리드리히 빌헬름 3세로부터 바르텐부르크(Wartenburg) 백작 작위를 부여받았고, 1821년에는 원수로 승진했다.

없게 된 국왕은 서서히 입장이 바뀌어 갔다.[137]

보다 안전한 브레슬라우로 이동한 프리드리히 빌헬름 3세는 샤른 호르스트의 거듭된 건의에 따라 1813년 2월 3일, 해방전쟁 수행을 위한 지원병 모집을 승인했다. 4만 2,000명으로 통제된 프로이센 정규군으로는 아무것도 할 수 없었다. 국왕은 포고령을 통해 사회적 신분이나 재산과 관계없이 모든 국민이 지원병 모집에 동참할 것을 촉구했다. 2월 13일에는 추가적인 포고령을 통해 정규군 편성을 위한 인원과 말은 물론, 향토방위군을 포함하는 전면적인 징집령을 발표했다. 프로이센 의회도 2월 17일, 향토방위군과 민병대의 무장을 지원하기 위한 법률을 통과시킴으로써 무장 강화를 위한 전폭적인 지원 활동을 단행했다. 프리드리히 빌헬름 3세도 마침내 제6차 대프랑스동맹에 참가하기로 결정한 것이다.

포고령에 따라 18세에서 45세까지의 남성은 기본적으로 향토방위군으로 편성되었다. 향토방위군 편성에 필요한 무기는 국가에서 지급했으나, 예산 부족으로 기타 군용장비는 지방정부에서 담당해야 했다. 46세부터 60세까지의 남성 중에서 정규군이나 향토방위군이 아닌 인원들은 후방의 지역방위를 담당하는 민병대로 편성되었다. 민병대는 주로 개인용 사냥총, 농기구, 창 등의 일상 생활용품 중에서 무기로 전용할 수 있는 도구로 무장했다.[138] 열악한 국가 예

---

137   Jonathan R. White, 앞의 책, pp. 241~243.

138   George F. Nafziger, 앞의 책, p. 6.

산으로 무장은 취약했지만, 프랑스군을 몰아내기 위한 국민적 의지
는 그 어느 때보다 강렬했다.

프로이센의 해방전쟁은 프로이센의 군사혁신 추진에 2가지 의미
를 지니고 있었다. 첫째, 1808년의 파리 조약으로 강제적인 군비통
제를 당한 프로이센군은 프랑스군을 축출하고, 상실한 영토를 회복
하기 위해 러시아와 함께 제6차 대프랑스동맹전쟁에 나섰다. 하지
만 프로이센의 의지와는 달리 실질적인 군사력은 미약한 수준이었
다. 따라서 프로이센군은 러시아군의 보조적인 역할만 수행해야 했
다. 이러한 현실은 프로이센의 군사혁신을 주도하는 혁신파들에게
추진 동력을 제공했다.

둘째, 프로이센군은 나폴레옹 전쟁이 가져온 전쟁 양상의 변화를
인식하고, 이에 따른 군사혁신의 필요성에 대한 공감대를 형성했다.
혁신파에 반대하던 보수파들도 이 점에는 동의할 수밖에 없었다. 전
쟁의 강도와 주체, 무기체계, 병력 규모와 구성, 전투편제와 지휘구
조 등 모든 면에서 나폴레옹 전쟁은 이전의 전쟁과 달랐다. 따라서
프로이센군도 해방전쟁을 통해 변화된 전쟁 양상에 맞추어야 했고,
이는 프로이센군의 근대화에 시발점이 되었다. 비록 동맹군 내에서
프로이센군의 존재감은 미약했지만, 이는 역설적으로 프로이센의
혁신파에 추진력을 제공해 주었다. 보편적인 정책 추진의 동의를 얻
은 프로이센의 혁신파들은 체계적인 정책 추진을 통해 그 어느 국가

보다 파격적인 군사혁신을 단행해 나갔다.[139]

프리드리히 빌헬름 3세는 2월 26일, 러시아와 동맹을 체결함으로써 제6차 대프랑스동맹에의 참가를 공식화했다. 이에 따라 프로이센과 러시아는 2월 28일, 칼리시 조약(Treaty of Kalisz)에 서명했다. 칼리시 조약을 통해 프로이센은 러시아와 인접한 구 폴란드 지역을 러시아에 할양하기로 하고, 대신 독일 연방에 속한 친프랑스 국가의 영토를 할양받기로 했다. 프로이센 영토로 편입될 국가는 명확하게 정해지지 않았지만, 마지막까지 프랑스의 동맹국을 자처한 작센이 가장 유력했다.

양국의 공동작전은 가용 병력을 고려해 15만 명의 병력을 지원한 러시아군이 전체적인 작전을 지휘하고, 8만 명의 프로이센군이 지원하는 형식을 갖추었다. 틸지트 조약 이후 쇠약해진 프로이센군은 해방전쟁의 주역이 될 여력을 충분히 갖추지 못했다.[140] 칼리시 조약의 체결로 요르크 장군이 체결한 타우로겐 조약은 실질적으로 더 강화된 내용으로 갱신된 셈이 되었다. 그리고 4월 22일, 러시아의 요청으로 스웨덴도 칼리시 조약에 추가로 가입함으로써 프랑스에 대항하기 위한 3국의 결속이 강화되었다.

프리드리히 빌헬름 3세가 프랑스에 항전하기로 결심하자, 샤른호르스트는 더욱 적극적으로 프랑스와의 해방전쟁 준비를 본격화했

---

139   Jonathan R. White, 앞의 책, p. 241.

140   Christopher Clark, 앞의 책, p. 495.

다. 프랑스와의 전쟁을 결심한 프리드리히 빌헬름 3세는 그동안 나폴레옹의 강압에 못 이겨 샤른호르스트를 한직에 두었으나, 이제 상황은 바뀌었다. 3월 11일, 프리드리히 빌헬름 3세는 샤른호르스트를 중장으로 진급시킴과 동시에 장군참모부장으로 다시 원복시켰다. 장군참모부장으로 복직된 샤른호르스트는 3월 15일, 프리드리히 빌헬름 3세에게 향토방위군과 민병대 편성을 포함한 전면적인 국민총동원령 선포를 건의했다. 그리고 3월 17일, 프리드리히 빌헬름 3세는 샤른호르스트가 건의한 국민총동원을 승인하고, 이를 선포했다. 국민총동원령에 따라 17세부터 40세까지의 모든 프로이센 남성은 징병 대상이 되었다. 국민총동원령이 선포되었으나, 오랜 경제침체로 고통받던 프로이센 정부는 동원된 향토방위군에 지급할 무기나 보급품은 부족했다. 따라서 그들에 대한 정식 무장은 1813년 6월까지 지연되었다.

프리드리히 빌헬름 3세는 러시아와의 동맹을 결심한 직후인 3월 16일, 프랑스에 선전포고했다. 그리고 그는 효율적인 국민총동원을 위해 3월 17일, 브레슬라우에서 '나의 국민에게(An Mein Volk)'라고 알려진 선언문을 발표함으로써 국왕의 정책 추진에 대한 이해를 요구함과 동시에 프랑스에 대한 전쟁 의지를 전 국민에게 명확하게 알렸다. 프리드리히 빌헬름 3세는 선언문을 통해 과거 7년 동안 지속돼 온 굴욕적인 상태에서 벗어나기 위해 스페인, 포르투갈, 스위스, 네덜란드와 같이 모든 국민이 들고일어나 저항할 것을 촉구했다.

프랑스와의 전쟁이 확정된 이상, 프로이센군의 지휘부에 대한 재정비가 필요했다. 프리드리히 빌헬름 3세는 프랑스군의 통제를 받는 프로이센군에 근무하고 싶지 않아 사임한 블뤼허 장군을 복직시켰다. 이후 그는 블뤼허 장군을 프로이센군의 총사령관으로 임명했고, 그의 요청에 따라 샤른호르스트가 그의 참모장을 맡았다. 또한, 클라이스트(Friedrich von Kleist, 1762~1823), 타우엔치엔(Bogislav Friedrich Emanuel von Tauentzien, 1760~1824), 뷜로브(Friedrich Wilhelm Freiherr von Bülow, 1755~1816)와 같은 장군들을 군단장으로 임명했고, 샤른호르스트와 함께 군사혁신을 추진한 그나이제나우, 보이엔, 그롤만, 라우치(Gustav von Rauch, 1774~1841)와 같은 장군참모장교들이 참모장으로 함께 전쟁을 수행했다. 특히 보수파인 요르크 장군은 참모장으로 배정된 장군참모장교인 라우치를 반기지는 않았지만, 대의를 위해 그를 수용하기로 결정했다. 또한, 클라우제비츠는 여전히 국왕의 사면을 받지 못해 러시아군 신분으로 전쟁에 동참해야 했다.[141]

프랑스와의 전면전을 선언한 프로이센은 단기속성병 제도 운용에 따른 지원병과 민병대를 동원하기 시작했다. 1813년 4월, 프로이센의 정규군은 200문의 대포를 보유한 4만 6,000명에 불과했다. 하지만 부분적으로 무장된 예비군 성격의 2선 부대가 4만 4,000명에 달했고, 요새 경비를 담당하는 후방의 3선 부대가 2만 8,000명이 존재했다. 여기에 러시아에서 지원한 소총으로 무장한 동프로

---

141   Jonathan R. White, 앞의 책, p. 245.

이센 민병대 2만 명이 합류함에 따라 프로이센군 전체 병력은 13만 8,000명에 달했다. 그리고 1813년 7월 말에는 적극적인 국민들의 지원으로 프로이센군의 전체 병력이 27만 명으로 급증함에 따라, 외형적으로는 1806년 이전의 병력 규모로 복귀했다. 최초에는 열악한 프로이센의 재정 상황으로 무장과 보급이 취약했으나, 1813년 가을부터는 국가에서 민병대까지 군화, 외투, 무기 등을 지급함으로써 전반적인 프로이센군의 사기와 전투력은 향상되었다.[142]

프리드리히 빌헬름 3세가 변심한 것을 확인한 나폴레옹은 프로이센군을 제압하기 위해 새로운 전쟁을 준비했다. 하지만 러시아 원정의 실패에 따른 여파로 많은 정예 병력을 상실한 나폴레옹은 즉각적으로 전쟁을 개시할 수는 없었다. 나폴레옹은 프랑스에서 새로운 병력을 징병하고, 전쟁을 위한 최소한의 훈련 및 장비 보급을 위한 시간이 필요했다. 또한, 프랑스군 단독으로는 당장에 동원할 수 있는 병력이 제한되어 라인동맹을 비롯한 동맹국의 추가 지원도 필요한 상황이었다. 결국, 4월 중순까지 나폴레옹은 공세 행동으로 전환하지 못한 채 전쟁 준비에만 집중해야 했다.

나폴레옹의 입장에서는 배신자였던 프리드리히 빌헬름 3세를 응징하기 위한 군사행동은 4월 30일, 잘레(Salle)강을 도하해 라이프치히로 진격하면서 시작되었다. 나폴레옹은 예전처럼 7만 8,000명의 프랑스군을 3개 제대로 분리하여 축선별로 진격시켰다. 이에 블뤼

---

142 George F. Nafziger, 앞의 책, pp. 11~13.; Karen Hagemann, 앞의 글, p. 605.

허 장군은 비트겐슈타인(Peter Wittgenstein, 1769~1843) 장군이 지휘하는 러시아군과 연합하여 나폴레옹에 대응했다. 프로이센-러시아 동맹군의 병력 규모는 프랑스군과 비슷한 7만 3,000명이었다.

1813년 5월 2일, 러시아 원정의 실패 이후 프랑스군과 프로이센-러시아 동맹군의 본격적인 첫 전투인 뤼첸 전투(Battle of Lützen)는 블뤼허 장군의 선제공격으로 시작되었다. 러시아군은 프로이센군을 후속 지원했다. 하지만 나폴레옹이 프랑스군을 전개하여 동맹군의 측면을 공격하면서 점차 동맹군은 수세에 몰리기 시작했다. 더군다나 전투 중에 프로이센군의 총사령관인 블뤼허 장군이 부상을 당하면서 전세는 급격히 기울기 시작했다. 결국, 정오경부터 시작된 전투는 21시경에 동맹군이 철수하면서 종료되었다. 전투 결과 프랑스군은 2,757명이 전사했고, 16,898명이 부상을 입었다. 반면에 동맹군은 12,000명의 사상자가 발생함으로써 피해 규모는 비슷했으나, 프랑스군의 압박에 견디지 못하고 전장에서 철수함으로써 뤼첸 전투는 프랑스군의 승리로 종결되었다.[143] 하지만 전성기의 정예병을 상실한 프랑스군은 철수하는 프로이센-러시아 동맹군을 추격할 수 없었고, 다행히 프로이센군의 주력은 무사히 철수할 수 있었다.

뤼첸 전투에 블뤼허 장군의 참모장으로 참전했던 샤른호르스트는 공교롭게도 이 전투에서 무릎 슬개골에 총상을 입었다. 처음에는 대수롭게 생각하지 않았던 부상은 시간이 지날수록 점차 악화되

143 Michael Clodfelter, 앞의 책, pp. 164~166.

었다. 그러나 샤른호르스트는 긴박한 전장 상황 속에서 후방에서 느긋하게 치료에 전념할 수는 없었다. 그래서 샤른호르스트는 부상 중에도 대프랑스동맹전쟁에 대한 오스트리아의 동참[144]을 촉구하기 위해 오스트리아군의 총사령관인 슈바르첸베르크(Schwarzenberg) 공작인 필리프(Karl Philipp, 1771~1820)를 만나 설득하기 위해 빈을 다녀오던 도중, 프라하(Prague)에서 상처가 악화되어 급사하고 말았다. 샤른호르스트의 사망으로 그의 빈자리는 그나이제나우가 대신했다. 샤른호르스트는 비록 프로이센군의 완전한 승리를 보지 못하고 죽었지만, 그의 후계자들이 프로이센 해방전쟁에서의 승리와 미완의 군사혁신을 지속해 나갔다.

　샤른호르스트의 뒤를 이어 블뤼허 장군의 참모장이자 장군참모 부장에 임명된 그나이제나우는 장군참모의 영향력 확대를 추구한 샤른호르스트의 개념을 받아들여 지휘관과 참모장 임무를 수행하는 장군참모장교의 공동지휘라는 개념을 도입했다. 이는 작전지휘

144　1809년 4월 10일, 오스트리아는 영국과 대프랑스동맹을 결성하여 라인동맹의 일원인 바이에른을 침공함으로써 제5차 대프랑스동맹전쟁이 발발했다. 하지만 오스트리아군은 7월 5일부터 6일까지 실시한 바그람 전투(Battle of Wagram)에서 프랑스군에 결정적인 패배를 당했고, 그 결과 오스트리아는 10월 14일에 프랑스와 쇤브룬 조약(Treaty of Schönbrunn)을 체결함으로써 제5차 대프랑스동맹전쟁은 종식되었다. 이후 오스트리아는 프랑스의 대외전쟁에 중립적인 입장을 유지했고, 제6차 대프랑스동맹에도 참가하지 않았다. 나폴레옹은 오스트리아를 동맹으로 유지하기 위해 1813년 7월 26일, 오스트리아의 메테르니히(Klemens Wenzel Lothar von Metternich, 1773~1859) 총리를 만나 프로이센을 오스트리아에 양도할 수도 있다는 제안을 했다. 그러나 메테르니히는 나폴레옹의 제안을 거부했고, 8월 12일에는 프랑스에 선전포고하고 제6차 대프랑스동맹전쟁에 참가했다. 김장수, 앞의 책, p. 119.

에 있어 참모장이 작전계획 수립에 보다 적극적으로 참여할 수 있는 명분을 제공함으로써 지휘관의 부족한 전장 리더십을 보강하기 위함이었다. 장군참모들의 역량을 신뢰한 그나이제나우는 작전계획 수립을 포함하여 지휘관의 업무 전반에 걸쳐 참모장은 자신의 의견을 해당 지휘관에게 제시하도록 했다. 그는 만약 지휘관과 참모장 사이에 의견이 일치하지 않을 경우, 장군참모부로 보고하도록 했는데, 이러한 업무체계의 존재만으로도 지휘관들은 부담을 가질 수밖에 없었다. 이러한 공동지휘 개념은 블뤼허 장군의 승인 아래 1813년부터 시험적으로 적용되었으며, 공동지휘의 효율성을 경험한 블뤼허 장군과 그나이제나우에 의해 점차 전 프로이센군으로 확산되었다.[145] 그리고 장군참모의 공동지휘권으로 인해 작전계획 수립부터 명령 하달에 이르기까지 장군참모의 영향력은 점차 확대되었다.

샤른호르스트의 급사에도 해방전쟁은 계속되었다. 샤른호르스트의 빈자리는 오랫동안 군사혁신의 비전을 공유하고 동행했던 그나이제나우가 장군참모부장을 이어받으면서, 그의 부재로 인한 심각한 공백 현상은 발생하지 않았다. 특히 그나이제나우는 미국의 독립전쟁에 직접 참전한 경험이 있어, 나폴레옹 전쟁의 변화된 양상을 잘 파악하고 있었다. 그리고 샤른호르스트가 궁극적인 프로이센 군사혁신의 핵심으로 추진한 장군참모 제도의 필요성을 충분히 공감하고 있어서 장군참모의 제도화에 지속적으로 관심을 가졌다. 그리

---

145 T. N. Dupuy, 앞의 책, p. 34.

고 그나이제나우의 뒤를 이어 1814년 6월, 그롤만이 장군참모부장으로 취임하면서 장군참모의 제도화는 지속될 수 있었다.

프리드리히 빌헬름 3세는 그롤만을 장군참모부장으로 임명함과 동시에 오랜 기간 공석이었던 전쟁 장관의 자리에 보이엔을 임명했다. 혁신파의 핵심인 보이엔과 그롤만의 요직 등용에 따라 그들은 나폴레옹의 몰락에 따른 보수 반동의 움직임을 저지해야 했다. 1814년 5월, 제6차 대프랑스동맹전쟁의 결과로 나폴레옹이 황제 직위를 상실하고, 지중해에 위치한 엘바(Elba)섬으로 귀양 가자, 동맹국들은 서서히 기존의 보수적인 정치 질서를 회복하고자 했다. 이런 움직임 속에서 보수파 원로들은 그동안 혁신파들이 추진했던 각종 제도를 무력화시키려 했고, 국왕 또한 현실적인 위협이 사라지자 혁신파보다는 원로들의 의견에 더욱 귀를 기울이게 되었다. 하지만 샤른호르스트의 사후에도 그와 군사혁신을 같이 추진했던 4인방인 그나이제나우, 보이엔, 그롤만, 클라우제비츠가 지속적으로 프로이센군의 요직에 머물면서 보수로의 회귀를 저지함과 동시에 군사혁신의 제도화에 헌신했다.

프로이센의 군사혁신에 있어 제도화의 정점은 국민개병제의 법제화였다. 프로이센의 해방전쟁 과정에서 안정적인 병력 확보의 필요성을 공감한 프리드리히 빌헬름 3세는 혁신파들의 요구에 부응하여 1814년 9월 3일, 공식적인 병역법을 선포함으로써 국민개병제를 제도화했다. 신설된 병역법에 따라 21세 이상의 프로이센 남성은 5년간 현역으로 복무해야 했다. 현역 복무 간 최초 3년은 국경 방어를 담당하는 정규군(Regular Army)으로 복무했고, 나머지 2년은 현역 신분으로 정규군을 지원하는 예비대(Regular Reserves)로 복무했다. 이후 26세부터 32세까지 7년간은 전시에 정규군을 지원하는 1급 향토방위군(Landwehr, First Levy)으로, 33세부터 39세까지 7년간은 요새 방어와 같은 향토방위 임무를 수행하는 2급 향토방위군(Landwehr, Second Levy)으로 복무했다. 병역법을 통해 21세부터 39세까지의 모든 프로이센 남성은 다양한 형태의 병역 의무를 수행해야 했다.[146] 이로써 샤른호르스트가 추구했던 프로이센의 군사혁신의 기본적인 제도화는 완성되었다.

1815년 6월, 나폴레옹의 마지막 전투인 워털루 전투에서 프랑스군이 최종적으로 패배하면서 1792년부터 7차례에 걸쳐 진행된 대프랑스동맹전쟁이 마침내 종식되었다. 나폴레옹 전쟁이 종식되면서 유럽은 다시 평화를 되찾았고, 프랑스는 다시 왕정체제로 회귀했다. 그리고 동맹전쟁을 같이 수행한 유럽의 열강들도 기존의 전제군주제의 정치체제를 공고히 하기 위한 여러 가지 조치를 단행했다. 이러한 국제정세 속에서 프로이센도 다시 기존 체제로 복귀하려는 움직임이 발생했고, 이 과정에서 혁신파와 보수파의 대립과 갈등은 다시 수면 위로 떠올랐다. 샤른호르스트가 간파한 대로 프리드리히 빌

---

146 1830년 당시의 프로이센군 징병부에 따르면, 프로이센군은 정규군 12만 명, 정규군 예비대 8만 명, 1급 향토방위군 15만 명, 2급 향토방위군 11만 명, 민병대 7만 명을 포함한 53만 명의 병력 동원이 가능했다. Bruce Bassett Powell, *Armies of Bismarck's Wars: Prussia, 1860-67* (Oxford: Casemate, 2013), p. 121.: Cordon A. Craig, 앞의 책, p. 69.

헬름 3세는 절대 혁신적인 군주가 아니었고, 나폴레옹이라는 외부의 위협이 사라지자 그는 나폴레옹 전쟁 이전의 체제로 회귀하려 했다. 그 이전에 샤른호르스트와 혁신파들의 노력으로 일차적인 군사혁신의 기본 체계가 완성된 것은 모두 샤른호르스트의 공적이었다.

나폴레옹의 몰락이 확실시되던 1815년 6월 8일, 독일 연방(Deutsche Bund) 규약이 독일 연방 헌법으로 확정되었다. 독일 연방 헌법은 다음 날인 6월 9일, 빈 회의의 전체회의에서 독일 연방의 대표국인 오스트리아와 프로이센을 비롯하여 러시아, 영국, 프랑스, 스웨덴, 포르투갈, 스페인의 8개국이 보증했다. 독일 연방은 뤼벡(Lübeck), 프랑크푸르트(Frankfurt), 브레멘(Bremen), 함부르크(Hamburg)의 4개 자유시를 포함한 38개의 회원국으로 구성되었다. 독일 연방 내의 투표권은 국력을 고려하여 차등했으며, 실질적인 주도국은 오스트리아와 프로이센이었다. 나폴레옹 전쟁의 광풍이 지나가자, 유럽대륙은 신성로마제국의 후계자인 오스트리아가 국제질서를 주도했다. 특히 회의를 이끄는 메테르니히 총리의 의도에 따라 전후 국제질서는 프랑스혁명 이전의 보수체제로 급격히 선회하기 시작했다. 이 시기의 국제체제는 이를 규정한 회의체의 이름을 따서 빈체제라고 불렀다.

그나이제나우의 후임으로 장군참모부장으로 임명된 그롤만은 보수회귀의 움직임 속에서 장군참모 제도를 공고화하기 위해서 조직개편을 단행했다. 그는 1816년에 장군참모부 예하 조직으로 존재했던 권역별 전쟁계획 수립 담당 부서를 복원시켰다. 그래서 그롤만은

독일 연방과 빈체제의 성립(1815)

러시아를 담당하는 '동부과', 오스트리아를 담당하는 '남부과', 프랑스를 담당하는 '서부과'를 다시 복원했다. 전쟁계획 수립을 담당하는 3개 과는 잠재적인 적국인 인접국의 군사 상황을 세밀하게 분석함으로써 지형을 고려한 다양한 전쟁계획을 수립했다. 그리고 유사시 전쟁계획을 실제 작전명령으로 전환하기 위한 동원 및 전개 계획도 주기적으로 최신화했다.

그롤만은 1817년 2월, 군사사과와 야전부대 장군참모과의 2개 과를 신설했다. 그롤만은 전쟁계획 수립에 있어 권역별 최신 전쟁 사례의 분석과 연구가 중요하다는 사실을 인식하여 전문적으로 군사사 연구를 통해 교훈을 도출하는 연구부서를 신설했다. 이때 신설된 군사사과는 이후 여러 차례의 조직 개편에도 존속했으며, 장군참모부의 핵심부서로 그 위상이 점차 확대되었다. 또한, 야전부대 장군참모과는 사단과 군단에 참모장으로 배치된 장군참모들을 관리하고 주기적으로 사령부의 장군참모들과 순환 교대근무를 관장하는 부서였다. 당시 사단에는 통상 참모장 1명, 군단에는 참모장 1명과 보좌관 2명으로 총 3명의 장군참모가 편성되었는데, 야전부대 장군참모과는 이들의 주기적인 교대근무를 통제했다. 이때부터 제대별 장군참모부의 구분을 위해 사령부의 장군참모부는 총참모부(Great General Staff)라고 명명했고, 사단이나 군단에 편성된 장군참모부(Troop General Staff)는 야전부대 장군참모부라고 호칭했다.

그롤만은 장군참모들의 근무지를 총참모부와 야전부대 장군참모부로 고정시키면, 장군참모들이 매너리즘에 빠질 것을 우려해 주기적인 교대근무를 단행했다. 주기적인 순환 근무를 통해 총참모부의 장군참모들은 야전부대의 현실에 대한 이해도가 향상되었고, 전장 상황에 대한 인식을 새롭게 하는 계기가 되었다. 그리고 야전부대 장군참모들은 야전부대에서 경험한 내용을 총사령부 근무 간에 계획수립에 반영하고, 야전부대의 우수한 장교들을 장군참모 후보로 추천하여 발탁하기도 했다. 또한, 이러한 순환 근무는 장군참모장교들의 공통된 전략 인식이나 전술관을 형성하는 데에도 많은 도움이 되었다.[147]

보이엔은 전쟁 장관으로서 프로이센의 군사혁신을 보다 제도적으로 공고히 하고자 했다. 그는 군사혁신을 군사 분야에 한정하지 않고, 국가 전반으로 확산시키고 싶어 했다. 특히 그는 샤른호르스트가 구상했던 것처럼 프로이센이 진정한 유럽의 강국으로 성장하기 위해서는 분열된 독일 연방의 소국들을 하나로 통합해야 한다고 생각했다. 그는 독일어라는 동일한 언어의 사용이 연방의 통합에 하나의 구심점이 될 것으로 생각했다. 또한, 보이엔은 계몽주의적 관점에서 헌법의 통제를 받는 민주주의의 도입을 희망했다. 그는 궁극적으로 프로이센을 중심으로 통일된 독일은 선거를 통해 의회를 편성하고, 국왕은 헌법에 입각한 통치권을 행사하는 입법군주제를 추구했다.

전쟁 장관인 보이엔을 중심으로 국가 전반의 기본체제에 변화를 가져오는 혁신파의 이런 구상은 많은 반발을 가져왔다. 프리드리히 빌헬름 3세는 프로이센의 해방전쟁 과정에서 필요에 의한 한시적으

147　T. N. Dupuy, 앞의 책, pp. 38~39.

로 혁신파를 등용했을 뿐, 기본적으로는 전통적인 절대왕권을 유지하고자 했다. 나폴레옹의 몰락 이후 그의 이러한 인식은 더욱 노골화되었다. 특히 전후 국제질서를 논의하는 빈회의의 실질적인 주관자인 오스트리아의 메테르니히 총리는 유럽의 국제질서를 프랑스혁명 이전으로 되돌리고자 했기에, 프로이센의 이러한 혁신 움직임에 우려를 표명했다. 그는 프리드리히 빌헬름 3세에게 프로이센 내부의 혁신파 활동을 통제할 것을 요청했다. 메테르니히는 프로이센의 민주주의적 제도 도입은 유럽을 다시 전쟁의 화마로 빠트리게 될수도 있음을 넌지시 경고했다. 알렉산드르 1세도 프로이센이 독자적으로 민주주의 제도를 도입한다면 러시아군이 프로이센군을 공격해야 하는 상황이 발생할 수도 있다며 프리드리히 빌헬름 3세를압박했다.[148]

보이엔을 중심으로 하는 혁신파에 대한 적대세력은 내부에도 존재했다. 프로이센 해방전쟁을 통해 혁신파의 영향력이 급증하자, 전통적인 보수파들이 자신들의 기득권을 되찾기 위해 세력을 규합하기 시작했다. 보수파는 통일이나 민주주의에 대해서 거부감을 노골적으로 표출했다. 프리드리히 빌헬름 3세도 혁신파들의 활동이 왕권을 위협한다고 생각했고, 보수파와의 결속을 강화하기 시작했다. 특히 혁신파들은 정규군이든 향토방위군이든 모든 프로이센군은국왕이 아닌 국가에 충성해야 한다고 주장했는데, 이러한 주장은 프

---

148   Jonathan R. White, 앞의 책, pp. 273~274.

리드리히 빌헬름 3세가 혁신파를 점점 멀리하게 되는 결정적인 요인이 되었다.

프로이센의 해방전쟁이 종결된 이후, 혁신파와 보수파의 대립은 향토방위군으로 본격화되었다. 혁신파들은 일반 국민들이 자발적으로 민병대 수준에서 참여한 것에서 시작된 향토방위군이 국민들의 애국심을 가장 잘 반영한 조직이라고 생각했다. 그들은 프로이센의 정규군이 취약한 상황에서 프로이센군이 프랑스군을 격퇴할 수 있었던 것은 전적으로 자발적인 향토방위군의 지원이 있었기에 가능한 일이었다고 생각했다. 그래서 혁신파는 이제 국가는 국민에게 빚을 지고 있고, 그 의무를 다해야 한다고 생각했다. 또한, 그들은 국민들이 해방전쟁에서 기여한 만큼 국가에 개인의 법적 기본권을 요구할 권리도 갖고 있다고 생각했다.

프로이센군의 혁신파 노력에 교육 분야의 고위직 관료와 외교관을 역임한 국가 원로인 훔볼트(Wilhelm von Humbolt, 1767~1835)도 힘을 보탰다. 훔볼트는 민주주의적 제도를 입법화하려고 노력했다. 그 일환으로 그는 새로운 헌법 개정 작업을 추진했는데, 그가 작성한 초안은 의회민주주의를 통해 국왕의 권한을 합법적으로 통제하는 입헌민주제를 골자로 했다. 훔볼트가 작성한 헌법 초안을 읽은 국왕은 충격에 빠지고 말았다. 결국, 프리드리히 빌헬름 3세는 훔볼트의 헌법 초안을 거부하고, 혁신파가 중시하던 향토방위군을 축소하여 정규군으로 편입하는 방안을 추진했다. 이 기회를 살려 보수파 세력들은 국왕

과 결탁하여 혁신파들을 국가 요직에서 물러나게 만들었다.[149]

1819년 12월, 보이엔과 그롤만이 전쟁 장관과 장군참모부장을 사임했다. 보이엔과 그롤만은 우유부단하고 무능력한 국왕이 자초한 전쟁으로 상실된 프로이센의 국권을 회복시키는 데 가장 결정적으로 기여한 일반 국민들로 구성된 향토방위군을 무력화시키려는 시도를 받아들일 수 없었다. 혁신파 대표들의 연이은 사임 이후 보수파가 다시 득세했으나, 샤른호르스트가 뿌려놓은 혁신의 씨앗들은 프로이센군의 제도에 뿌리내려 군사혁신이 지속되었다. 샤른호르스트가 그토록 공을 들인 장군참모가 바로 그 혁신의 중심이 되었다. 이제 프로이센의 군사혁신은 특정 인물이 주도하는 것이 아니라, 장군참모라는 제도 속에서 스스로 생존할 수 있는 능력을 갖추게 되었다. 그리고 그들은 훗날 통일 독일제국 건국의 주도 세력이 되었다.

---

149 Jonathan R. White, 앞의 책, pp. 275~276.

V

샤른호르스트가 주는 현대적 함의

샤른호르스트는 프로이센군에서 12년이라는 짧은 기간을 복무했지만, 프로이센의 군사혁신에 심대한 영향을 미쳤다. 그리고 프로이센의 군사혁신은 프로이센이라는 국가의 기본 체계를 변화시키는 원동력이 되었다. 샤른호르스트의 군사혁신으로 인해 프로이센은 프리드리히 2세 시기보다 더욱 강력한 군대를 보유하게 되었다. 그리고 강력해진 프로이센군은 프로이센 주도의 통일 독일제국 건국에 군사적 기반을 제공했다. 필자는 샤른호르스트가 프로이센의 군사혁신 추진에 있어 중점을 둔 4가지 핵심 가치는 교육, 개방, 인재, 제도화라고 생각한다. 그리고 샤른호르스트가 추구한 군사혁신의 4가지 핵심 가치가 프로이센을 군사 강국으로 변모시켰기에, 핵심 가치 측면에서 오늘날 한국군의 군사혁신에 주는 역사적 함의를 같이 생각하고 공유하고자 한다.

1. 교육

샤른호르스트는 군사 지도자의 전문성 함양을 위한 지속적인 교육개념인 도야를 중시했다. 그는 계몽주의 철학의 영향을 받아 인간의 능력은 타고나는 것이 아니라 양성되는 것으로 생각했다. 따라서 그는 신분과 관계없이 교육을 통한 인간의 능력은 변화할 수 있다고 생각했다. 그리고 그는 군인에게 요구되는 교육은 한 번의 과정으로 완성되는 것이 아니라, 마치 도공이 정교한 도자기를 빚듯이 지속적인 교육을 통해 전문성 함양을 위한 완성도를 단계적으로 높여 나가야 한다고 생각했다.

샤른호르스트는 다른 군사전문가들과 마찬가지로 군사 지도자의 역량을 중시했다. 다시 말해 그는 군대의 구심점 역할을 하는 장교단의 역량이 전쟁의 승패를 결정하는 핵심이라고 생각했다. 하지만 신분제 계급이 고착된 당시 프로이센의 사회문화 속에서 장교의 지위는 소수 귀족의 전유물이었고, 일반 평민은 넘볼 수 없는 장벽이었다. 평민에게는 장교 중에서도 귀족들이 기피하는 기술직이나 행정직에 한해서만 기회가 주어졌다. 따라서 출신 성분에 기반을 둔 장교의 임관 기회와 이에 연계된 진급 체계는 귀족 출신 장교들의 학습 의지에 자극을 주지 못했다.

귀족 출신 장교들은 가문의 서열에 따른 직책과 진급을 당연시했고, 장교 인사권을 가진 국왕도 핵심 귀족 가문과 결탁하여 그들의 충성심을 조건으로 군 내부에서의 안정적인 신분을 보장했다. 당연히 장교들은 힘들게 공부할 필요가 없었다. 장교들의 부족함은 경험

있는 부사관들이 보충해 주었기에 장교들은 적당히 자신의 권위를 이용하여 지휘하면 큰 문제가 없었다. 실제 전투에서 무능한 장교의 지휘로 피해를 보는 쪽은 언제나 병사들이었고, 전투의 승패와 상관없이 귀족 가문의 장교들은 특별한 우대를 받았다.

프랑스혁명 이후, 프랑스 대육군의 장교단은 신분과 상관없이 각종 전투 현장에서 실력이 검증된 인원들을 장교로 발탁하면서, 프로이센군의 장교단과 차별화되기 시작했다. 실제 나폴레옹은 본인도 식민지의 하급 귀족 출신으로 박대받은 경험이 있기에, 출신과 상관없이 지휘능력만 입증된다면 군내 최고의 계급인 제국 원수까지도 부여했다. 나폴레옹 전쟁 이전부터 장교단의 전문성 향상을 위한 지속적이고 차별화된 교육의 중요성을 인지한 샤른호르스트는 나폴레옹 전쟁에서의 패전 이후 프로이센군 장교단 교육의 일대 혁신을 통해 장교단의 질적 수준을 향상시키기 위해 노력했다. 그리고 장교단의 진급 기준에 객관적이고 공정한 평가를 반영함으로써 프로이센군 장교들은 진급을 위해서라도 학습하는 문화가 서서히 정착되기 시작했다.

샤른호르스트는 프로이센군의 각종 군사교육기관을 체계적으로 재정립하고, 우수 장교를 양성하기 위한 보통전쟁학교의 경우 학사일정에도 직접 개입할 만큼 장교들의 전문성 있는 교육에 관심을 두었다. 또한, 그는 프로이센군의 정예 장교단인 장군참모는 근속기간별로 지속적인 보수교육을 통해 장군참모들이 현재에 안주하지 않고 늘 새로운 지식을 받아들이도록 교육을 체계화했다. 특히 샤른호르스트가 장군참모의 교육과정에서 중점을 둔 것은 단순히 군사전문가로서 군사학 교육에만 집중한 것이 아니었다. 그는 전쟁 양상이 복잡하고 다양해짐에 따라 합리성과 통찰력을 가진 장교를 양성하기 위해 인문학적 소양과 더불어 과학적 사고방식을 겸비하도록 전인교육을 강조했다는 것이다. 즉 샤른호르스트는 클라우제비츠 이전에 이미 전쟁의 본질을 꿰뚫어 보고, 불확실성과 마찰이 가득한 전쟁에 대응할 수 있는 장교단을 양성하기 위한 교육과 학습문화의 정착을 강조했다.

200년 전의 전쟁에 비해 현대전은 작전개념이나 무기체계의 운용 등 모든 측면에서 더욱 복잡한 양상을 보여주고 있다. 따라서 현대전에서의 승리를 보장하기 위해서는 다영역화된 전장 속에서 모든 군인은 자신의 직책을 충실히 이행할 수 있는 실전적인 직무교육을 충실히 이행해야 한다. 특히 전쟁의 승패에 핵심 역할을 담당할 장교단에는 이런 체계적인 교육의 중요성이 더욱 강조되어야 한다. 그리고 직책이나 직위별로 요구되는 직무교육은 특정 계급에만 필요한 것이 아니라, 군내 모든 구성원에게 지속적이고 체계적으로 이행되어야 한다. 물론 사전에 직급별로 필요한 핵심 교육과제를 선별하는 것도 매우 중요한 과업일 것이다. 불필요한 교육과제의 중복으로 교육의 핵심과 본질을 훼손해서는 안 될 것이다.

장교 양성 과정 교육은 단순히 군사 전문성에만 치중할 것이 아니라 전쟁의 본질을 이해하고 주도할 수 있는 통찰력을 갖출 수 있도록 전인적인 교육을 반영해야 한다. 이에 따라 장교 양성 과정 교육에는 인문학적 소양과 과학적 수리 능력을 모두 겸비하도록 균형된 교육을 제공하고, 장차 군의 고급 지휘관이 되기 위해 필요한 올바른 사고능력과 건전하고 민주적인 지휘철학을 함양하도록 하는 데 중점을 두어야 한다. 또한, 장교 양성 과정 교육은 물론, 임관 이후 주기적인 직무 보수과정 교육에 있어서 군사적 전문성만을 강조하는 것은 자칫하면 군사적 기능성만 강화하여 군의 사회적 기능을 망각하도록 하는 우를 범할 수도 있다. 따라서 어떤 경우에라도 군이 기능적인 군사교육에만 치중함으로써 군 스스로 군국주의와 같은 잘못된 정치 사조를 추앙하지 않도록 올바른 민군관계를 정립하는 것은 매우 중요하다. 그런 측면에서 제2차 세계대전 당시 나치독일의 국방군이나 태평양 전쟁 당시 일본 제국군의 실제적인 사례는 한국군에게 경종을 울리는 사례라고 할 수 있다.

군의 교육적 기능 활성화를 위해서는 군내 학습문화가 정착하도록 노력해야 한다. 군은 국가안보 최후의 보루로 어떠한 경우라도 실패와 실수가 용납되지 않는 조직이다. 따라서 군은 과거의 지식과 경험에 안주해서는 안 되고, 항상 변화하는 안보 상황에 주목해야 하며, 새로운 지식과 인식을 군사적 개념으로 전환하여 받아들이기 위한 노력을 지속해야 한다. 군의 학습문화는 특정 개인의 노력으로 달성할 수 있는 것이 아니다. 군내 최고위급 인사부터 말단 병사까지 자신의 위치에 맞는 지적인 군사 역량을 강화하기 위해 노력해야 하고, 이를 제도적으로 장려해야 한다. 특히 전쟁 지휘에 미치는 영향력이 큰 고급장교일수록 주도적인 자기학습 노력과 학습문화 정착을 위한 자신의 역할을 진지하게 고민해야 한다. 역사 속에 나타난 조직의 성패는 언제나 지도자에게 달려있었다. 배우려고 하지 않은 군대는 언제나 배우려고 하는 군대에 의해 패배의 쓴맛을 보아야 했고, 목숨으로 그 대가를 치러야 했다.

2. 개방

샤른호르스트는 당시로서는 급진적이었던 민주주의적 가치를 신봉했다. 따라서 본격적인 근대사회로 접어들던 19세기의 전쟁이 대규모 전쟁으로 변모함에 따라 일반 국민의 적극적인 참여가 불가피하다고 생각했다. 특히 그는 프랑스 혁명전쟁을 경험하며 소수의 상비군에 의존하던 군주국의 군대가 대규모 국민군에 기반을 둔 프랑스 혁명군에 패배하는 여러 사례를 목격하며 지금이야말로 군대 구성원의 전면적인 변화가 필요한 때라는 것을 직감했다. 특히 전적으로 국왕이 관할하는 국가 예산으로 운용하는 군주국의 군대는 전투 피해를 극복하는 데에 상당한 시간이 걸렸으나, 국민의 협조와 자발성에 기반을 둔 국민군은 징병을 통해 회복탄력성 측면에서 절대적으로 유리한 입장이었다.

샤른호르스트는 이러한 변화된 전쟁 양상을 이해하고 프로이센도 국민개병제의 입법화를 통해 국가 수호를 위한 보편적 병역 의무를 일반 국민에게 부과해야 한다고 생각했다. 물론 그는 국민의 자발적인 협조를 얻기 위해서는 국민이 국가방위를 위해 병역 의무를 이행하는 만큼 국민 개개인의 기본권을 보장해 주어야 한다고 생각했다. 그는 프로이센의 역사적 전통과 현실을 고려하여 군주제에서 공화제로의 급속한 전환을 추구한 것은 아니었다. 다만 그는 현실적으로 프로이센에 적합한 정치체제로 영국과 같은 입헌군주제를 도입하여, 국왕의 존재적 권위를 존중하면서 국민의 기본권을 법적으로 보장해 주는 현실적인 타협안을 주장했다. 민주주의의 개념을 이해했던 샤른호르스트는 이러한 국민의 기본권 보장을 위한 법적 장치가 조성되어야만 국방의 의무에 대한 국민의 저항을 줄이고, 지지를 획득할 수 있을 것으로 생각했다.

샤른호르스트는 국가 수호를 위한 전쟁 수행이 특정 계층의 문제가 아닌 국민 모두에게 적용되는 공통되는 사항임을 각인시켰다. 프랑스의 속국으로 전락한 프로이센의 암울한 현실 속에서 실질적으로 고통받던 많은 프로이센 국민들도 이 점을 확실히 이해했다. 따라서 그는 이러한 상황적 환경을 활용하여 오랫동안 군주 간의 권력 투쟁 활동으로만 치부되던 전쟁을 국민 모두에게 적용되는 공통된 관심 사항으로 전환시켰다. 즉 전쟁 수행의 주체를 국왕과 국왕의 상비군만의 문제가 아닌 전 국민의 문제로 확대함으로써 전쟁 수행 과정에서 소수가 독점하던 폐쇄된 영역을 개방하도록 만든 것이다.

샤른호르스트는 실질적인 전쟁을 계획하고 주도하는 계층인 폐쇄적인 장교단의 문호도 개방시켰다. 화약 혁명의 등장으로 무기체계의 살상력이 급증하는 가운데, 군주제 국가들의 보편적인 국왕은 무지하고 신뢰할 수 없는 일반 국민을 무장시키는 것을 기피해 왔다. 특히 프랑스혁명으로 루이 16세가 성난 군중에 이끌려 단두대에서 무참히 처형당하는 모습을 지켜본 유럽 열강의 군주들은 일반 국민의 무장에 대한 거부감이 심해졌다. 반대로 귀족 계층은 국왕과 일종의 권력 공생 관계로 국왕은 귀족들에게 여러 가지 정치 · 경제적 특권을 제공하는 대가로 군주제 유지를 위해 필요한 충성을 제공받았다.

군주제 국가의 국왕은 국왕이 직접 관할하는 상비군을 이끄는 장교단을 협력적 공생 관계에 있던 귀족 계층에게만 개방함으로써 상비군을 철저히 통제하도록 했다. 전시에 귀족 가문의 장교들은 국왕의 지시를 충실히 이행해 전쟁을 수행함으로써 국왕과 장교단과의 협력적 관계가 유지되었다. 또한, 장교단의 진급도 개인의 능력보다는 가문의 위계 서열에 따라 결정함으로써 일단 귀족 계층에 편입되면 반역을 도모하지 않는 한, 장교로서의 안정적인 진급과 지위가 보장되었다. 그 틈에 평민 출신의 장교가 끼어들 여지는 거의 존재하지 않았다. 샤른호르스트조차도 군사적 역량을 모두에게 인정받았지만, 그가 가진 사회적 출신의 한계를 극복할 수는 없었다.

능력보다는 사회적 지위에 따라 임명된 프로이센군의 장교단은 국왕에 대한 충성심은 뛰어났다. 하지만 충성심과 전투에서의 지휘 역량은 별개의 문제였다. 특히 프리드리히 2세 이후 전투 경험이 없던 고령화된 프로이센군의 장교단은 과거의 전투 경험에 안주했다. 하루가 다르게 변화하던 전술과 무기체계의 흐름을 그들은 알려고도 하지 않았고, 이해하지도 못했다. 프로이센군으로 이적한 샤른호르스트가 여러 차례 프로이센군의 군사혁신을 위한 대안을 제시할 때마다 군사 원로들은 샤른호르스트의 주장과 그 취지를 이해할 수 없다고 말하며 권위에 의존하여 논의 자체를 중단시켰다. 물론 프리드리히 빌헬름 3세도 영관장교에 불과한 샤른호르스트보다는 프리드리히 2세와 전투를 같이했던 군사 원로들의 의견에 동조했다.

1806년 10월, 나폴레옹이 프로이센을 응징하기 위해 전쟁을 개시하자마자, 충성심 외에는 실전 경험과 지휘역량 모두 부족한 프로이센군의 장교단은 무기력한 모습을 보여주었다. 개전 1주일 만에 주력이 결전한 예나와 아우어슈테트 전투에서 프로이센군은 총사령관인 브라운슈바이크 공작이 중상을 입는 등 참담한 패배를 경험해야 했다. 이후 프랑스군은 나폴레옹의 지시에 따라 뿔뿔이 흩어진 프로이센군의 패잔병을 추격하며 신속히 프로이센의 주요 군사 거점을 장악해 나갔다. 프로이센의 수도인 베를린도 개전 3주 만에 프랑스군에게 함락되었다.

치욕적인 틸지트 조약으로 전쟁이 마무리된 직후에 국왕의 신임으로 프로이센의 군사혁신을 총괄할 군사재조직위원장에 임명된 샤른호르스트는 그동안 원로 귀족들의 반대로 시도하지 못했던 프로이센의 군사혁신을 본격적으로 추진했다. 그 과정에서 그는 폐쇄적인 장교단의 문호를 사회적 신분이 아니라 프로이센 국민 모두에게 개방했다. 그래서 그는 적절한 평가를 통해 지적 역량이 입증된 모든 인원에게 장교 임관 기회를 부여했다. 그리고 장교의 진급도 엄정하고 객관화된 평가를 통해 자격요건을 충족한 인원에게만 부여함으로써 프로이센군 장교단의 질적 수준은 샤른호르스트로 인해 급격히 향상되었다. 군사혁신 초기에는 평민보다 교육 기회와 여건이 우수한 귀족 가문의 자녀가 장교단에 편입되는 경우가 많았으나, 샤른호르스트의 조치로 인해 점점 그 문호가 평민에게도 개방됨으로써 프로이센군의 장교단은 구조적으로 견실하고, 능력 중심의 우수 집단으로 변모해 갔다.

샤른호르스트가 군사혁신을 위해 추진했던 개방의 가치는 현재의 한국군에게도 시사하는 바가 크다. 특히 국가 차원의 총력전 수행을 위해 국민의 동의와 자발적 협조가 필수적인 현대전에 있어서 전시의 국민적 지지를 획득하기 위해서는 평시부터 일반 국민을 대상으로 국방 현안에 대한 이해와 설명이 필요하다. 국민에 대한 군의 전향적인 개방적 자세가 요구되는 현실이라고 할 수 있다. 그동안 군은 국가안보를 위한 보안이라는 명분으로 오랫동안 비밀스럽고 폐쇄적인 조직이라는 인식을 국민에게 각인시켜 왔다. 하지만 이런 왜곡된 인식은 국민적 합의와 지지가 필요한 여러 군사 현안에 있어 불필요한 오해와 반발을 가져오는 경우가 많았다.

군은 21세기 국민의 눈높이에 맞는 새로운 안보 개념을 정립해야 한다. 보안이 요구되는 영역과 국민과 공감하여 지지를 확보해야 할 영역을 분명히 구분해야 하는 것이다. 그리고 보안의 영역은 최소한으로 해야 할 것이다. 오늘날 다양한 형태의 네트워크가 발달한 상황에서 과도한 보안 영역의 설정은 과거의 폐쇄성에 집착하는 왜곡된 군에 대한 인식을 심어줄 수 있기에 군은 이 부분을 심각하게 고민해야 할 것이다. 그리고 국민과 소통하는 대화공간을 확대하고, 이러한 공보 기능을 담당하는 전문 인력의 역량 및 인력 자체의 확대도 필요하다. 현대전은 외부 전선에서의 물리적 전투 이전에 내부 전선에서의 심리적 전투가 훨씬 중요하다. 따라서 평상시부터 국민과의 소통을 통해 공감과 지지를 확대하기 위한 전향적인 개방 인식과 문화를 한국군에 적극적으로 제도화할 필요가 있다.

전투에서의 핵심적 역할을 담당하는 장교의 임관과 진급에서도 샤른호르스트가 추진했던 혁신적 조치를 고려할 필요가 있다. 오늘날 대부분의 국가에서 장교 임관을 위한 다양한 기준은 사회적 신분보다는 개인 역량에 기준을 두고 있기는 하다. 하지만 장교 임관을 위해 필요한 여러 기준요건이 과연 현대전의 실전적 임무 수행에 부합하는지에 대해서는 엄밀히 검토할 필요가 있다. 현재 한국군은 장교 임관을 위한 사전 교육과정에서 다양한 임관평가단을 편성해 개인별로 임관의 적절성 여부를 판단하고 있다. 따라서 한국군의 장교 임관 기준이 군사 지도자에게 요구되는 건전한 가치관, 지적 역량, 기초 체력 등의 핵심역량 분야를 모두 충족시키는지에 대해서 엄중히 검토할 필요가 있다. 그리고 이러한 기준에 따른 엄정한 평가를 통해 최종적으로 개별 장교의 임관을 결정해야 한다. 특히 연간 요구되는 장교의 인적 소요에 급급하여 자격 미달의 장교를 양산한다면, 이는 군의 점진적인 수준 하달과 국방력 약화를 가져올 것이다. 그리고 적어도 객관적 평가를 통해 임관한 장교는 개인의 사회적 배경을 떠나 누구라도 전장에서 요구되는 일정 수준 이상의 지휘역량을 발휘할 수 있어야 할 것이다.

장교의 진급도 보다 투명하고 객관화된 평가를 고려할 필요가 있다. 현대 경영학의 대가인 드러커(Peter Ferdinand Drucker, 1909~2005)는 혁신을 추진함에 있어 "측정할 수 없는 것은 관리할 수 없고, 관리할 수 없는 것은 개선할 수 없다."라는 유명한 문장을 남겼다. 적재적소에 필요한 우수한 장교를 발탁하기 위해서는 상위 직급에 요구되는 능력과 개인의 역량에 대한 엄정하고 객관화된 평가가 필수적이다. 특히 전반적인 장교단의 질적 역량을 향상시키기 위해서는 끊임없이 조직과 개인의 역량 평가를 통해 개선하려는 시도를 추진해야 한다. 그리고 이러한 평가 결과에 누구라도 인정하고, 스스로 부족한 분야를 인식하여 개선하려는 시도 가운데 장교단의 질적 수준은 획기적으로 향상될 것으로 생각한다.

현재 한국군의 진급 체계가 드러커가 제시한 이러한 혁신 개념을 충분히 반영하고 있는지에 대해서는 많은 논란이 존재하고 있다. 여전히 많은 장교들이 현재의 진급 체계에 대해 많은 의문과 문제점을 제기하고 있기 때문이다. 따라서 현재의 진급 체계가 군 조직의 발전에 요구되는 최고의 인재를 식별하고 선발할 수 있는 체계인지에 대해서는 모두의 진지한 고민이 필요한 시기이다. 모두가 공감할 수 있는 객관화된 진급 체계 구축은 구성원들의 자발적인 노력을 고취함으로써 조직 발전에 순기능적인 역할을 할 것이다. 또한, 진급 체계와 연계하여 군에 존재하는 다양한 기능과 역할에서 요구되는 성과의 측정, 검토, 반영에 이르기까지의 과정을 제도화하기 위한 노력도 병행되어야 할 것이다.

3. 인재

샤른호르스트가 프로이센의 군사혁신을 추진함에 있어 가장 중요하게 생각했던 가치는 인재였다. 샤른호르스트는 프랑스 혁명전쟁을 거치면서 전장에서 한 명의 장군이 전투의 승패에 얼마나 중요한 역할을 하는지를 직접 목격했다. 특히 그는 과학 기술의 급진전에 기반을 둔 무기체계의 살상력 급증으로 인해 잘못된 전장 지휘에서 비롯된 대량 피해를 여러 차례 목격하면서, 군에 요구되는 인재의 중요성을 절감하게 되었다. 장교단의 문호를 전면적으로 개방한 그의 조치는 바로 이러한 필요성을 반영한 사건이었다.

나폴레옹은 샤른호르스트가 인재의 중요성을 절감하게 된 결정적인 계기를 제공했다. 프랑스혁명의 혼란 과정에서 권력을 장악한 나폴레옹은 프랑스군의 체계적인 혁신을 통해 유럽 최강의 군대로 변모시켰다. 나폴레옹이 이끈 대부분의 전역에서 프랑스군은 유럽의 다른 군대와 차별화된 모습을 보여주었고, 이를 통해 나폴레옹의 용병술은 모두의 관심과 연구의 대상이 되었다. 전쟁의 본질을 간파한 나폴레옹은 사전 철저한 분석을 통해 지형과 대상에 맞는 차별화된 전술을 구사했고, 상대방은 번번이 패배할 수밖에 없었다. 나폴레옹을 무시하던 프리드리히 빌헬름 3세조차도 그의 진면목을 알아보지 못하고 섣불리 전쟁을 단행했다가 국가가 사라질 뻔한 위기에 직면하기도 했다.

샤른호르스트는 군에 필요한 인재의 선발, 교육, 관리에 이르는 종합적인 체계를 구축하기 위해 노력했다. 그 노력의 산물이 바로 프로이센군의 장군참모 제도였다. 그는 프로이센군의 혁신을 위해 고급 인재로 구성된 주체세력이 필요하다고 생각했고, 그 대상으로 기존에 형식적으로 존재하던 장군병참참모 제도를 일대 혁신하여 새 시대의 인재상에 부합된 장군참모 제도로 개편했다. 이후 샤른호르스트의 주도로 개편된 장군참모부는 프로이센군의 엘리트 집단으로 핵심인재를 양성하고 배출하는 순기능적인 역할을 했다.

샤른호르스트는 군의 우수한 인재 양성을 위해 다양한 기초군사학교를 통폐합하고, 교육과정을 정비했다. 이를 통해 군사학은 물론 장교의 지휘역량을 확충하기 위한 전인교육 요소를 교육과정에 포함시켰다. 또한, 초급장교 중에서 우수 장교로 발탁된 소수 장교에게는 보통전쟁학교라는 보다 전문화된 학교에서의 교육을 통해 이들을 프로이센군의 정예장교로 양성했다. 그리고 이들은 프로이센군의 유력한 장군참모 후보군이 되었다. 샤른호르스트는 선발된 장군참모를 대상으로 한 지속적이고 다양한 교육프로그램을 통해 전술은 물론 전략적 역량을 갖출 수 있도록 추진했다. 이들은 차별화된 교육프로그램을 통해 프로이센군은 물론 유럽 최고의 엘리트 조직으로 거듭났다. 샤른호르스트는 고급 인재로 선발한 장군참모들이 자신의 탁월한 군사적 역량을 스스로 증명하도록 요구함으로써 장군참모들은 현실에 안주할 수 없었다. 그리고 끊임없는 혁신적 프로그램의 도입과 적용으로 프로이센군 장군참모의 능력은 주변국이 부러워하는 수준의 경지에 이르게 되었다.

샤른호르스트와 같이 프로이센의 군사혁신을 추진했고, 그의 사상적 영향을 절대적으로 받은 클라우제비츠는 전쟁론에서 인재의 중요성을 여러 차례 강조했다. 그는 전쟁 본연이 가지고 있는 불확실성, 우연, 마찰 등과 같은 제약을 극복하기 위한 군사적 천재(Military Genius)의 중요성을 강조했고, 군사적 천재의 등장을 위한 군사적 환경 조성의 필요성도 언급했다. 특히 술(Art)과 과학(Science) 모두의 영역에 포함된 전쟁의 속성에서 좀 더 가치를 두고 있는 술적 영역의 주체가 인간임을 언급하며 고도의 통찰력(Coup d'œil)을 가진 군사적 천재 중요성을 강조했다. 그리고 그는 현존하는 대표적인 군사적 천재로 나폴레옹을 언급했다.

전쟁의 본질이 변치 않는 한 현대전에서도 전쟁의 수행 주체는 인간일 것이고, 전쟁의 승패를 결정짓는 데 중요한 역할을 할 핵심 인재의 중요성은 결코 간과 되어서는 안 될 것이다. 하지만 현대에 들어와 과학 기술의 급격한 진보에 따라 전쟁의 주도권을 장악하기 위한 첨단 기술의 활용이 보편화되었다. 따라서 마치 국방혁신의 핵심이 첨단 기술에서 비롯되는 것으로 인식되는 경향이 있다. 하지만 어떤 경우에도 과학 기술은 전쟁의 수단일 수밖에 없다. 궁극적으로 전쟁을 결심하고 지휘하는 역할은 인간의 역할일 수밖에 없다. 더군다나 기술의 급진전에 따른 파괴력이 전쟁의 본질을 왜곡할 만큼 커진 현대전에서는 최고 지휘관의 전략적 사고가 매우 중요하다. 이젠 최고 지휘관의 전략적 판단이 전쟁 당사국뿐만 아니라, 경우에 따라서는 인류의 존망과도 직결될 수 있기에 더욱 핵심인재의 중요성은 부각될 수밖에 없다.

현재 한국군이 군사 지도자로 육성할 핵심인재의 중요성을 얼마나 인지하고, 이를 위해 핵심인재의 발굴과 양성 및 교육, 나아가 체계적인 관리에 이르는 일련의 체계 구축에 대해서 많은 논란이 있다. 마치 AI를 기반으로 하는 과학 기술군을 모든 군사적 사안을 해결할 수 있는 만능키로 인식해 기술적 리더를 양성하는 것에 치중하는 것은 아닌지에 대해 자문해야 할 필요가 있다. 물론 군이 첨단 기술의 중요성을 간과해서는 안 되겠지만, 절대적으로 기술에 의존하는 것도 문제일 것이다. 따라서 과학 기술의 진전에 집중해 클라우제비츠가 언급한 전쟁의 본질인 술과 과학의 영역에서 술적 영역의 중요성을 과학 영역에 비해 경시하고 있는 것은 아닌가 하는 의문도 제기되고 있다.

클라우제비츠가 정의한 전쟁의 정의에 따르면 전쟁이란 나의 의지를 상대방에게 강요하기 위한 폭력 행위이고, 전쟁은 본질적으로 개인 간의 결투가 국가 차원으로 확대된 것에 불과하다고 명쾌하고 정의하고 있다. 전쟁은 인간 의지의 대결이고, 인간은 감정과 이성의 영역을 모두 겸비한 사회적 존재로서 예측할 수 없는 감정의 영역을 통해 결투 또는 이에서 확대된 전쟁의 승패가 결정된다. 따라서 전쟁은 논리의 영역으로만 판단할 수 없고, 상대에 따라서 가변적인 여러 변수의 조합으로 승패가 결정되는 것이다. 이런 복잡 다양한 변수를 과연 기계가 이해하고 대응할 수 있을 것인가? 기계는 주어진 변수에 따라 확률만 계산할 것이다. 우리는 그 계산을 판단에 참고할 수는 있지만, 때로는 통찰력을 겸비한 인간의 직관으로 판단해야 할 때도 존재할 것이다.

한국군은 전쟁의 본질을 충실히 이해하고 대응할 수 있는 군사적 천재를 발굴하고, 교육을 통해 성장시키고 활용하는 총체적인 체계를 구축하고 발전시켜야 한다. 전반적인 장교단의 질적 수준을 향상시키기 위한 노력도 당연히 필요하나, 이에 못지않게 군의 핵심역량을 선정하여 체계적으로 관리하는 노력도 중요하다. 프로이센이 장군참모 제도를 통해 프로이센군을 유럽 최고의 군대로 성장시켰듯이, 한국군에도 군의 혁신을 주도하고 지속적인 재생산을 담당할 인재와 조직이 필요하다.

1871년, 프로이센 주도의 통일 독일제국 건국 이후 유럽의 많은 국가들은 독일군의 핵심인재인 장군참모를 인식하고, 자국의 상황에 맞게 적용하고자 했다. 하지만 프로이센에서 독일로 이어지는 군사적 전통에 기초하여 그들만의 예외성을 인정하는 특유의 문화만큼은 모방할 수 없었다. 결국, 외형적으로는 장군참모 제도를 모방했으나, 독일과 같은 핵심인재로서의 역할을 담당하지는 못했다. 군사적 전통과 문화가 다른 한국군에 독일식의 장군참모 제도를 이식하는 것은 어려운 문제지만, 적어도 장군참모와 같은 핵심인재조직의 체계적인 양성과 관리를 진지하게 고민할 필요는 있을 것이다. 인간이 만든 문제 대부분의 해답이 인간에게 있는 것처럼, 전쟁의 본질이 변하지 않는 한 통찰력을 겸비한 정예장교 조직과 이를 바탕으로 한 군사적 천재의 탄생은 필요하다.

4. 제도화

동시대를 살아간 나폴레옹과 샤른호르스트의 가장 큰 차이는 혁신의 제도화이다. 물론 그때나 지금이나 샤른호르스트와 나폴레옹의 명성과 인지도에는 많은 차이가 있다. 하지만 각자의 사후에 해당 국가의 군사혁신에 미친 영향을 고려한다면 샤른호르스트에 좀 더 큰 점수를 부여해야 할 것이다. 나폴레옹은 프랑스를 유럽 최고의 제국 반열에 올려놓았으나, 나폴레옹의 영화가 컸던 만큼 내부적으로 많은 희생을 감수해야 했다. 또한, 나폴레옹의 사후, 프랑스는 보수 반동의 국제 흐름 속에서 다시 군주제로 회귀했다. 물론 나폴레옹 이후의 프랑스는 정치적 변동 속에 제정과 공화정을 반복했지만, 더 이상 나폴레옹 시대와 같은 프랑스의 전성기는 돌아오지 않았다. 나폴레옹이 주도했던 프랑스의 군사혁신은 그의 퇴장과 동시에 프랑스군에 뿌리내리지 못하고 급격하게 소멸되었다. 그리고 프랑스군의 위상 추락은 1806년에 프로이센이 그랬던 것처럼, 1870년의 프로이센-프랑스 전쟁을 통해 현실로 나타났다.

샤른호르스트는 달랐다. 나폴레옹과의 전투에서는 여전히 승리보다는 패전을 많이 경험했고, 프로이센군을 당대에 유럽 최고의 강군으로 만들지도 못했다. 하지만 샤른호르스트는 일시적인 변화와 혁신이 아닌 프로이센군의 DNA에 군사혁신을 각인시키고자 했다. 그는 자신이 프로이센군에 복무할 수 있는 기간이 그리 길지 않을 것이라고 예감했는지, 프로이센군으로 이적해서 군사혁신을 추진하는 출발점부터 개인보다는 자신과 혁신 비전을 공유할 혁신파들을 규합하여 군사혁신을 지속하는 데에 치중했다. 그는 개인보다는 조직의 위대함을 믿었다.

프로이센이 프랑스에 대패하고 속국의 신분으로 전락한 그 순간에도 그는 포기하지 않았고, 밑바닥에서 새로운 기회를 엿보았다. 다행히 패전에 심하게 충격받은 국왕의 전폭적인 지지 아래, 그는 오랫동안 구상해 온 프로이센의 진정한 군사혁신을 하나씩 실현해 나갔다. 그는 자신의 이념적 동지인 그나이제나우, 보이엔, 그롤만, 클라우제비츠와 함께 계몽주의와 민주주의에 입각한 근대적인 프로이센군을 재창조하기 위해 헌신했다. 그리고 그는 혁신의 주체로 장군참모 제도를 개편하여 그들이 프로이센군에 뿌리내려 군사혁신을 제도화할 수 있도록 마지막 순간까지 최선을 다했다.

프로이센군의 장군참모가 보수파의 끊임없는 압박 속에서도 생존할 수 있었던 것은 바로 실질적인 초대 장군참모부장이었던 샤른호르스트의 공적이었다. 샤른호르스트 사후, 프로이센의 군사혁신은 장군참모로부터 시작되었고, 결국 1860년대에 들어 3번에 걸친 통일전쟁에서 장군참모는 그 존재감을 확실히 드러냈다. 샤른호르스트는 군사혁신이 지속되어야 하고, 이를 위해 장군참모란 조직을 통해 프로이센군의 인식 안에 군사혁신을 각인시키고자 했다. 그리고 그의 이러한 노력은 그의 사후에 빛을 발하기 시작했다. 프로이센군의 정예장교로 양성된 장군참모는 전쟁에서 그들이 왜 필요한지, 그들의 역할이 무엇인지 확실히 보여주었다. 그와 함께 샤른호르스트가 남긴 마지막 미완성 과제인 전면적인 국민개병제 도입은 그의 후계자들이 달성함으로써 샤른호르스트가 추구했던 군사혁신의 마지막 제도화 노력도 완성되었다.

현대전에서 군사혁신의 중요성은 말하지 않아도 누구나 공감하고 있다. 하지만 오늘날 한국군은 군사혁신의 당위성에 대해서는 공감하지만, 체계적인 군사혁신 추진을 위한 명확한 개념 설정과 추진 과정에 있어서 다양한 유관기관 간의 이해관계 상충으로 인해 통합적인 군사혁신의 제도화 노력이 아직 충분치 않다. 국가와 국민의 생존과 번영을 보장해야 할 한국군의 입장에서 지금까지 지켜온 성공 방정식의 변화를 추구하기는 쉽지 않은 일이다. 하지만 최근의 전쟁 사례에서 입증되듯이 전쟁의 수행 주체는 여전히 인간이지만, 수행 방식이나 양상은 계속 변화하고 있다. 따라서 우리가 과거의 낡은 방식에 집착하고 방심한다면 반드시 낭패를 볼 수 있다.

영국의 군인이자 전략가인 풀러(John Frederick Charles Fuller, 1878~1966)는 "모든 군사훈련의 목적은 군인들에게 미래전을 준비시키는 것이다. 왜냐하면, 미래전만이 그들에게 가능성 있는 유일한 전쟁이기 때문이다."라고 하며 과거의 전쟁에 안주하지 말고 다가올 미래전에 대한 준비를 철저히 해야 한다고 강조했다. 우리가 추구해야 하는 군사혁신은 바로 미래전에서의 승리를 보장하기 위한 노력이다. 따라서 지금까지 과거의 성공을 보장해 준 방식에 안주해서는 안 되고, 새로운 전쟁에 대비하기 위한 혁신 노력을 지속해야 한다.

군사혁신의 제도화는 군사혁신에 대한 명확한 개념 설정과 공감대 형성을 주도할 수행 주체가 영속적인 조직으로 명확하게 존속할 때 가능하다. 또한, 군사혁신은 특정 제대나 부서에 부여된 하나의 과업이 아닌 체질화된 군사 문화로 정착되어, 군 본연의 임무 수행을 위한 모든 조직과 구성원의 공통된 임무이자 역할로 인식되어야 한다. 현재 한국군의 핵심지휘부에 군사혁신을 담당하는 조직이 편성되어 있으나, 군사혁신 추진의 전반적인 효율성을 고려할 때, 현재 방식의 적절성에 대해서는 고민할 여지가 있다. 군사혁신을 통한 미래전에서의 승리를 담보하기 위해서는 모든 제대의 치열한 고민과 노력을 통합하여, 이를 계획에 반영하려는 조직적인 노력이 병행되어야만 군사혁신을 위한 진전을 달성할 수 있을 것이다. 군사혁신은 과거의 유산을 모두 원점에서 재검토하고, 새롭게 변화시킬 부분의 존재 여부에 대한 기본적인 고민에서 시작된다. 따라서 군사혁신의 제도화는 모든 구성원이 중요성을 인식하고, 그에 대한 공감대를 형성하는 것에서 출발해야 한다. 결론적으로 군사혁신은 당위성에 대한 모든 구성원의 공감대를 바탕으로 충분조건이 아닌 필수조건으로서 군 문화의 핵심적 요소가 되어야 한다.

맺음말

1701년 1월 18일, 유럽의 변방 소국의 하나로 탄생한 프로이센 왕국은 건국 50여 년 만에 프리드리히 2세에 의해 유럽의 신흥강국으로 성장했다. 비록 독일 연방 내에서는 오스트리아의 위세에 눌려 2등 국가이었지만, 유럽의 중심 국가 반열에 올랐다. 하지만 프로이센은 프랑스 혁명의 과정에서 등장한 나폴레옹에게 대패하면서 프랑스의 속국으로 전락하며 과거로 회귀하고 말았다. 한때 유럽의 최강자였던 프랑스는 나폴레옹의 몰락과 동시에 그 화려함을 잃었다. 나폴레옹 이후의 프랑스가 유럽의 소국으로 전락한 것은 아니지만, 프랑스는 유럽의 최강자에서 중심 국가의 하나로 복귀해야 했다. 그리고 프랑스에 나폴레옹 시대의 영화는 오늘날까지 오지 않고 있다.

　나폴레옹에게 참패했지만, 프로이센의 대응은 달랐다. 프로이센의 소수 혁신파들은 당시로서는 최첨단인 프랑스군과의 전쟁 경험에 프로이센만의 군사적 전통을 결합해 그들만의 군사혁신을 재창조했다. 프로이센의 군사혁신에 있어 대표 주자였던 샤른호르스트는 전쟁의 후폭풍으로 국왕의 신임을 얻었고, 프로이센군을 전면적으로 개조할 수 있는 군사재조직위원장의 자리에 올랐다. 군사재조직위원회는 한시 조직이었지만, 샤른호르스트와 그의 혁신파 동료들은 국왕의 전폭적인 신임 아래, 프로이센에 적합한 그들만의 군사혁신을 제도화하기 시작했다.

샤른호르스트가 프로이센군에 복무한 기간은 12년에 불과했지만, 그가 프로이센군에 남긴 유산은 매우 컸다. 그는 자신이 물러나더라도 프로이센의 군사혁신이 지속될 수 있도록 혁신의 제도화에 공을 들였다. 샤른호르스트는 프랑스혁명과 같은 급진적인 사회적 변화는 프랑스의 사례에서 보듯이 내부적인 대혼란을 가져올 것으로 판단해, 프로이센에 적용 가능한 다양한 군사 혁신안을 구상하고 제도화했다. 샤른호르스트는 철저한 현실주의적 입장에서 프로이센 내부의 혼란을 최소화한 가운데 군사혁신을 일시적인 현상이 아닌 프로이센군의 체질에 각인될 방안을 고민했다.

샤른호르스트의 오랜 고민 끝에 등장한 것이 조직화된 정예 장교 조직으로 개편된 장군참모의 제도화였다. 그는 제도나 법은 국왕에 따라서 언제든지 변화될 수 있다고 생각했기에 어떤 상황에서도 사라지지 않고 프로이센군의 변화와 혁신을 고민하고 추진할 수 있는 핵심 엘리트 장교조직의 제도화를 추진했다. 샤른호르스트는 시대에 따라 제도는 퇴보하더라도 소수의 혁신파들이 군대 내부에 제도적으로 존속할 수 있다면, 프로이센의 군사혁신은 지속될 수 있을 것이라는 신념을 가졌다.

샤른호르스트의 신념은 이후의 역사에서 입증하듯이 프로이센군에 성공의 신화를 남겼다. 샤른호르스트 사후에도 그나이제나우, 보이엔, 그롤만, 클라우제비츠가 그의 뒤를 이어 각자의 분야에서 군사혁신을 지속했다. 그리고 1857년 10월, 몰트케(Helmuth von

Moltke, 1800~91)가 장군참모의 수장인 총참모장으로 취임하면서 장군참모에 의한 프로이센군의 군사혁신은 한 단계 성장하게 되었다. 몰트케에 의해 프로이센군의 실질적인 주도 세력으로 성장한 장군참모는 이후 3번에 걸친 주변국들과의 통일 전쟁에서 승리하면서 통일 독일제국 건국의 주역이 되었다. 1871년 1월 18일, 프로이센 왕국의 건국 170주년이 되던 바로 그날에 프로이센 왕국은 독일 연방의 소국들을 통합한 통일 독일제국으로 재탄생했다. 그리고 그 모든 과정의 출발점은 바로 샤른호르스트였다.

한반도의 안보 상황은 200년 전 프로이센의 상황과 매우 흡사하다. 당시 프랑스와 러시아, 나아가 동일 민족인 오스트리아까지 호시탐탐 프로이센의 존립을 위협했다. 프로이센은 지정학적으로 러시아와 프랑스 사이에서 늘 양면전쟁의 위협에 직면해야 했다. 샤른호르스트는 프로이센의 생존을 위해 독일 민족의 통합을 추진했고, 이를 통해 주변국과 당당히 맞설 수 있는 강력한 프로이센과 독일을 희망했다. 비록 그의 당대에는 그 모습을 보지 못했으나, 그의 후계자들은 그의 염원을 현실로 구현했다.

현재의 대한민국은 주변국 누구도 만만하지 많은 강국에 둘러싸여 있다. 그리고 한반도는 2개의 국가로 분단된 가운데 80여 년의 시간이 지나가고 있다. 우리는 그리 간단하지 않은 대한민국의 안보 현실을 자각하며, 프로이센과 독일의 번영 사례에서 역사적 교훈을 도출해야 할 것이다. 그동안 우리는 지리적 이격으로 인한 거리감으로 유럽 군사사에 대한 관심이 부족했다. 하지만 멀게만 느껴지는 프로이센과 그 후신인 독일제국의 역사는 우리에게 많은 시사점을 제공하고 있다. 우리가 그들을 철저히 연구하고 분석한다면, 대한민국의 21세기 생존과 번영을 제도적으로 보장하기 위한 작은 교훈이라도 얻을 수 있을 것이다. 이것이 지금 우리가 군사혁신의 표상으로서 샤른호르스트를 다시 고찰해야 하는 이유이다.

참고문헌

〈저서〉

강창구 · 김행복. 『독일군 참모본부』. 병학사. 1999.

기세찬 · 나종남 외 8인. 『전쟁의 역사』. 사회평론아카데미. 2023.

김장수. 『주제별로 접근한 독일 근대사』. 푸른사상사. 2010.

_____. 『오스트리아 왕위계승 전쟁』. 북코리아. 2023.

박상섭. 『근대국가와 전쟁: 근대국가의 군사적 기초, 1500~1900』. 나남출판. 1996.

_____. 『테크놀로지와 전쟁의 역사』. 아카넷. 2018.

육군본부. 『독일 군사사』. 육군본부. 1978.

이민호. 『근대독일사 연구: 프로이센국가와 사회의 성립』. 서울대학교 출판부. 1976.

임종대. 『오스트리아의 역사와 문화 2』. 유로. 2014.

조만제. 『독일 근대 형성사 연구: 프로이센의 발흥 · 소멸 · 잔영』. 경성대학교 출판부. 2002.

황수현 · 박동휘 · 문용득. 『근현대 세계대전사』. 플래닛미디어. 2024.

Brodie, Bernard · Brodie, Fawn McKay. 『무기가 바꾼 세계사: 석궁에서 수소폭탄까지 (*From Crossbow to H-Bomb*)』. 양문. 2023.

Clark, Christopher. 『강철 왕국 프로이센(*Iron Kingdom: The Rise and Downfall of Prussia 1600-1947*)』. 마티. 2020.

Fremont-Barnes, Gregory · Fisher, Todd. 『나폴레옹 전쟁(*The Napoleonic Wars*)』. 플래닛미디어. 2020.

Holmes, Richard Holmes. 『나폴레옹의 영광(*The Napoleonic Wars Experience*)』. 청아출판사. 2006.

McNeill, William H. 『전쟁의 세계사(*The Pursuit of Power*)』. 이산. 2005.

Mikaberidze, Alexander. 『나폴레옹 세계사(*The Napoleonic Wars*)』. 책과함께. 2022.

Millotat, Christian E. O. 『독일군 장군참모 제도(*Das preußisch-deutsche General-*

stabssystem)』. 화랑대연구소. 2004.

Roberts, Andrew. 『나폴레옹(*Napoleonic The Great*)』. 김영사. 2022.

Chandler, David. *Dictionary of The Napoleonic Wars*. Wordsworth. 1999.

Clodfelter, Michael. *Warfare and Armed Conflicts: A Statistical Encyclopedia of Casualty and Other Figures, 1492 – 2015*. McFarland & Company. 2017.

Collins, Edward M. eds., *War, Politics & Power*. Regnery/Gateway. 1962.

Craig, Cordon A. *The Politics of the Prussian Army, 1640-1945*. Oxford University. 1955.

Dupuy, T. N. *A Genius for War: The German Army and General Staff, 1807-1945*. Prentice Hall. 1977.

Görlitz, Walter. *History of The German General Staff, 1657-1945*. Praeger. 1956.

Hofschröer, Peter. *Prussian Staff & Special Troops 1791-1815*. Osprey Publishing. 2003.

Nafziger, George F. *The Prussian Army 1792-1815 Vol. I*. Nafziger Collection. 1996.

Paret, Peter. *Yorck and the Era of Prussian Reform, 1807-1815*. Princeton University Press. 1966.

Petre, Francis Loraine. *Napoleon's Conquest of Prussia, 1806*. The Bodley Head. 1907.

_____. *Napoleon's Campaign in Poland, 1806-7*. The Bodley Head. 1907.

Powell, Bruce Bassett. *Armies of Bismarck's Wars: Prussia, 1860-67*. Casemate. 2013.

Scharnhorst, Gerhard von. *Military Field Pocket Book*. 1811.

Vagts, Alfred. *A History of Militarism*. The Noonday Press. 1959.

White, Jonathan R. *The Prussian Army, 1640-1871*. University Press of America. 1996.

White, Charles E. *Scharnhorst: The Formative Years, 1755-1801*. Helion & Company. 2020.

Wilson, Peter H. *Iron and Blood: A Military History of the German-Speaking Peoples since 1500*. Harvard University Press. 2023.

〈논문〉

마상현. "참모제도사 고찰(I): 참모조직 이론, 고대 및 독일군 참모제도" 『군사평론』 제377호. 2005. 12.

이대웅. "독일 군사제도 개혁의 선구자들" 『군사평론』 제220호. 1982. 1.

장형익. "독일 군사 사상과 제도가 일본 육군의 근대화에 미친 영향" 『군사연구』 제137집. 2014. 6.

차일용. "군사국가 프로이센과 그 군대의 개혁: Junker적 군대 경영과 Stein에서 Boyen에 이르는 제 개혁의 이념" 『사학연구』 제21호. 1969.

황수현. "19세기 초반 프로이센의 군사혁신 고찰" 『한국군사학 논집』 제78집 제1권. 2022. 2.

_____. "샤른호르스트의 군사혁신과 현대적 함의" 『군사연구』 제154집. 2022. 12.

_____. "프로이센군의 장군참모 제도화 과정 고찰" 『군사연구』 제156집. 2023. 12.

Hagemann, Karen. "Occupation, Mobilization, and Politics: The Anti-Napoleonic Wars in Prussian Experience, Memory, and Historiography" Central European History, Vol. 39, No. 4(December, 2006).

Hewitson, Mark. "Princes' Wars, Wars of the People, or Total War? Mass Armies and the Question of a Military Revolution in Germany, 1792-1815" War in History, Vol. 20, No. 4(November, 2013).

James, Edwin L. "Prussia's Evasion of Reparations in 1812-A Historic Parallel" Current History, Vol. 20, No. 3(June, 1924).

Samuels, Martin. "Directive Command and the German General Staff" War in History, Vol. 2, No. 1(March, 1995).

Schoy, Michael. "General Gerhard von Scharnhorst: Mentor of Clausewitz and Father of the Prussian-German General Staff" Canadian Forces College(2005).

White, Charles E. "Scharnhorst's Mentor" War in History, Vol. 24, No. 3(July, 2017).

_____. "Setting the Record Straight: Scharnhorst and the Origins of the Nineteenth-Century Prussian General Staff" War in History, Vol. 28, No. 1(January, 2021).

_____. "Scharnhorst and Showalter: A Tale of Two Enlightened Scholars" War in History, Vol. 29, No. 1(January, 2022).

군사혁신의 표상,
샤른호르스트

초판인쇄 2024년 06월 03일
초판발행 2024년 06월 03일

지은이 황수현
펴낸이 채종준
펴낸곳 한국학술정보(주)
주 소 경기도 파주시 회동길 230(문발동)
전 화 031-908-3181(대표)
팩 스 031-908-3189
홈페이지 http://ebook.kstudy.com
E-mail 출판사업부 publish@kstudy.com
등 록 제일산-115호(2000. 6. 19)

ISBN 979-11-7217-357-9 93390